11+ for Success

Toluwalope Dahunsi

Copyright 2020 © by Toluwalope Dahunsi

No part of this book may be reproduced or transmitted in any form or by any means, electronic, mechanical, photocopying and recording or by any information storage and retrieval system without the written permission from the publisher. For permission requests, solicit the publisher via the address below.

Amazing Foundation Christian Publishers

1st edition

Published by Amazing Foundation Christian Publishers

www.afchristianpublishers.com

info@afchristianpublishers.com

PREFACE

This maths workbook provides children currently in year 4, 5 and 6, the opportunity to practice questions that will enhance their Maths learning and strengthen their 11+ test success. Other children all over the world can also make use of this book to strengthen their knowledge of Mathematics.

This book contains only the questions, but the answers will soon be made available online on Moleemeducation.xyz. Parents who order this book can also request for the answers via the email provided below. Soon, we will introduce the live online solving of the questions as we believe that this will also empower your children.

To support children's knowledge, we have launched two Maths Apps titled: AmazingMultimaths and Mathemission. These apps are only available on Android. Why not get them off games and get them on board here? Mathemission is full of 11+ practice questions and children can engage with their siblings and friends to practice together.

The best time to prepare children for 11+ is really from Year 3. Children should be supported through extra tuition where required. There are many topics to learn and there are various factors to consider when teaching children towards 11+. The main factor is the availability of additional practice workbooks to support their learning while expecting that children will engage and practice for success.

For the past 4years, Amazing Kids Homework Club and Tuition Centre has been supporting children with Maths and English Tuition and by the special grace of God, we have had 100% 11+ success up until 2020. Why not encourage your children to join us as well and become part of this unimaginable success story?

You can register your children for extra tuition at Amazing Foundation Online School. Visit www.amazingfoundation.co.uk.

Also, to find out more information and/or support in marking this workbook for your children, contact us dadestinychild@gmail.com on to discuss your requirements.

HOW TO USE THIS BOOK

There are a total of 1,360 questions in this book which includes most 11+ topics. Children do not have to work this book page by page. They can choose to solve the questions that that the are confident with first and then begin to receive support on the other topics.

This book also gives parents opportunity to clearly find out which topics their children require support. Each topic has between 12 and 24 questions. However, children are to be given targets and timed.

Parents, please ensure that your children spend 1hour at a time on this book, working out between 50 and 60 questions. You can tick the part you want them to work out or you can get them to work through the book in page order.

Once they finish, you can engage them in counting how many questions they have worked out.

Do not push too hard.

Praise their effort,

keep them calm

and stay positive.

Contents

Preface	i
How to use this book	ii
Add the digits	1
Find the difference	4
Division without remainder	6
Multiple operations	8
Simple algebra	10
Inequalities	11
Simple number problems	12
Additional algebra	14
Basic addition doubles	15
Fact families	16
Input and output	19
Sum with missing digits	22
Match up the sums	23
Multiple operation with 4 steps	28
Additional word problems	29
Coordinates	38
Plot the lines	40
Simple quadratics	43
Comparing fractions	46
Divide fractions by whole number	47
Mixed operations with fractions	48
Fraction conversions	49

Simplify the fractions	50
Circumference and area of a circle	51
Measure the lines	52
Measure the rectangles	53
Find the Perimeter and Area	55
Polygons	60
Determine the number of cubes	63
Mean, median, mode and range	68
Indices	70
Magic cube	71
Number pattern	74
Secret trail	76
Percentages	79
Ratio Conversion table	81
Circle addition	84
Time conversions	89
Table subtraction	91
Table multiplication	96
Table division	99
Clock works	103
Greatest common factor	113
Multiple operations	117
Factors	118
Lowest common multiple	120
Multiples	123
Ordering numbers	124

Place value	126
Prime Time	127
Rounding	128
Counting patterns	129
Find the missing numbers	132
Number line decimal	136
Number line fractions	141
Number line whole numbers	146
Number puzzle	150
More secret trails	153
Easy sudoku	156
Percentage and decimal conversions	158
Advanced percentages	159
Volume	162
Temperature	166
Complete the graph	170
Temperature conversion	181
Indices and decimal number multiplication	182
Root numbers	184
Read the thermometer	186
Measurement conversion	187
Additional number problems	189

Add the digits together.

1) 8,544 + 417 = _____   2) 2,183 + 113 = _____   3) 14 + 788 = _____

4) 93 + 963 = _____   5) 828 + 657 = _____   6) 7,336 + 947 = _____

7) 63 + 959 = _____   8) 20 + 269 = _____   9) 240 + 695 = _____

10) 14 + 969 = _____   11) 7,869 + 254 = _____   12) 260 + 495 = _____

13) 82 + 450 = _____   14) 92 + 392 = _____   15) 26 + 952 = _____

Find the difference.

16) 685 - 225 = _____   17) 186 - 168 = _____   18) 448 - 376 = _____

19) 605 - 195 = _____   20) 75 - 75 = _____   21) 940 - 609 = _____

22) 650 - 618 = _____   23) 789 - 557 = _____   24) 819 - 766 = _____

25) 640 - 580 = _____   26) 673 - 189 = _____   27) 496 - 439 = _____

28) 590 - 468 = _____   29) 71 - 71 = _____   30) 857 - 849 = _____

© 2020 Moleem Education

Find the difference.

31) 1,878 - 431 = _____　　32) 6,511 - 472 = _____　　33) 8,781 - 63 = _____

34) 9,076 - 781 = _____　　35) 2,846 - 638 = _____　　36) 6,861 - 438 = _____

37) 7,475 - 178 = _____　　38) 4,777 - 92 = _____　　39) 5,760 - 543 = _____

40) 3,760 - 484 = _____　　41) 4,666 - 89 = _____　　42) 5,729 - 916 = _____

43) 5,534 - 536 = _____   44) 9,285 - 290 = _____   45) 730 - 129 = _____

Find the product.

46) 67 × 86 = _____   47) 28 × 75 = _____   48) 23 × 12 = _____

49) 40 × 51 = _____   50) 71 × 59 = _____   51) 17 × 74 = _____

52) 85 × 92 = _____   53) 96 × 66 = _____   54) 47 × 15 = _____

55) 27 × 36 = _____   56) 23 × 60 = _____   57) 57 × 53 = _____

58) 54 × 94 = _____   59) 100 × 52 = _____   60) 45 × 82 = _____

Find the product.

61) 70 × 2 = _____   62) 40 × 10 = _____   63) 87 × 5 = _____

64) 21 × 10 = _____   65) 61 × 100 = _____   66) 45 × 100 = _____

67) 56 × 10 = _____   68) 73 × 5 = _____   69) 78 × 5 = _____

70) 72 × 10 = _____   71) 39 × 10 = _____   72) 56 × 100 = _____

73) 10 × 5 = _____   74) 91 × 2 = _____   75) 36 × 5 = _____

Find the quotient.

76) 385 ÷ 11 = _____ 77) 292 ÷ 73 = _____ 78) 504 ÷ 56 = _____

79) 240 ÷ 60 = _____ 80) 737 ÷ 67 = _____ 81) 954 ÷ 53 = _____

82) 528 ÷ 66 = _____ 83) 776 ÷ 97 = _____ 84) 960 ÷ 60 = _____

85) 732 ÷ 61 = _____ 86) 238 ÷ 34 = _____ 87) 486 ÷ 54 = _____

88) 899 ÷ 31 = _____ 89) 720 ÷ 72 = _____ 90) 294 ÷ 98 = _____

91) 1,000 ÷ 80 = _____ 92) 400 ÷ 30 = _____ 93) 5,000 ÷ 50 = _____

94) 5,000 ÷ 30 = _____ 95) 1,000 ÷ 40 = _____ 96) 400 ÷ 70 = _____

97) 2,000 ÷ 40 = _____ 98) 100 ÷ 70 = _____ 99) 500 ÷ 80 = _____

100) 400 ÷ 80 = _____ 101) 200 ÷ 30 = _____ 102) 7,000 ÷ 50 = _____

103) 300 ÷ 20 = _____ 104) 600 ÷ 40 = _____ 105) 9,000 ÷ 80 = _____

Complete the operations.

106) 86 - 51 = _____   107) 53 - 11 = _____   108) 84 - 36 = _____

109) 59 × 22 = _____   110) 68 × 77 = _____   111) 30 + 36 = _____

112) 15 + 12 = _____   113) 159 ÷ 86 = _____   114) 890 ÷ 37 = _____

115) 732 ÷ 66 = _____   116) 58 + 24 = _____   117) 79 × 21 = _____

118) 81 - 67 = _____   119) 46 × 68 = _____   120) 17 + 34 = _____

© 2020 Moleem Education

Find the solution.

121) $(4^2) \times (6^2) + 1 =$ _____   122) $(2 + 4)^2 =$ _____   123) $(5 + 5) \div 6 =$ _____

124) $6 \times 2 \times 5 =$ _____   125) $6 + 7 + 1 =$ _____   126) $3 \times 6 + 2 =$ _____

127) $7 \times 4 \times 5 =$ _____   128) $3 + 4 - 5 + 3 =$ _____   129) $(7 + 1)^2 =$ _____

130) $6 \times 4 \times 9 =$ _____   131) $2 + 9 + 2 + 6 =$ _____   132) $2 + 1 - 6 + 1 =$ _____

133) $4 + 9^2 + 3 + 4^2 =$ _____   134) $(1 + 8)^2 + (6 + 5)^2 =$ _____   135) $(6 + 1)^2 + (2 + 3)^2 =$ _____

© 2020 Moleem Education

Solve for the variable.

136) 14 - s = -4 _____ 137) 14 - y = -5 _____ 138) a + 13 = 24 _____

139) m - 10 = 5 _____ 140) 12 + b = 27 _____ 141) y - 12 = 0 _____

142) k - 19 = -4 _____ 143) 17 - s = 1 _____ 144) 16 + x = 35 _____

145) 18 + x = 30 _____ 146) 17 - k = 7 _____ 147) m + 11 = 21 _____

148) 14 + x = 28 _____ 149) k - 17 = -5 _____ 150) 13 - m = -5 _____

151) x - 11 = 6 _____ 152) 10 - b = -8 _____ 153) y - 20 = -5 _____

154) x - 15 = 1 _____ 155) 18 - m = -2 _____ 156) y + 12 = 26 _____

Solve.

157) $-10 < x + 2$

158) $-8 > x + 5$

159) $2 \geq x + 5$

160) $-9 > 7 + x$

161) $8 \geq x + 7$

162) $-4 \geq 7 + x$

163) $-8 < x + -5$

164) $6 + x > -2$

165) $-2 \leq -7 + x$

166) $3 \geq x + -4$

167) $-2 < x + -5$

168) $-10 + x < 3$

169) $9 \geq x + -8$

170) $2 < x + 1$

171) $-7 \geq -3 + x$

Solve.

172) _____ Nine hundred five more than a number is 1392. What is the number?

173) _____ A number diminished by 721 is 149. Find the number.

174) _____ A number diminished by 584 is 806. Find the number.

175) _____ The sum of a number and 28 is 632. Find the number.

176) _____ Five hundred twenty-two more than a number is 637. What is the number?

177) _____ The sum of a number and 208 is 1070. Find the number.

178) _____ Two-thirds of a number is 556. Find the number.

179) _____ Twenty-nine less than a number is 278. Find the number.

180) _____ One-third of a number is 74. Find the number.

181) _____ Five hundred twenty-three less than a number is 433. Find the number.

182) _____ The sum of a number and 95 is 992. Find the number.

183) _____ A number increased by 914 is 1163. Find the number.

184) _____ Nine hundred eight less than a number is 154. Find the number.

185) _____ A number increased by 926 is 1184. Find the number.

186) _____ A number diminished by 82 is 547. Find the number.

Solve for the variable.

187) $92 = 8m + 68$ _____

188) $m \div 3 = 32$ _____

189) $41 - m = 5$ _____

190) $93 + y = 94$ _____

191) $23 + 5m = 373$ _____

192) $3{,}013 - 59m = 4$ _____

193) $16 + 39m = 3{,}292$ _____

194) $552 = 12y - 72$ _____

195) $y + 37 = 121$ _____

196) $44 = 26 + y$ _____

197) $31 = m \div 27$ _____

198) $y \div 97 = 97$ _____

199) $22 = 73 - m$ _____

200) $4 = 196 - 2y$ _____

201) $42 + 65y = 5{,}827$ _____

Can you solve this please?

202) 441 + 440 = _____   203) 695 + 697 = _____   204) 644 + 643 = _____

205) 4,325 + 4,325 = ___   206) 1,578 + 1,578 = ___   207) 383 + 385 = _____

208) 6,278 + 6,280 = ___   209) 479 + 481 = _____   210) 909 + 908 = _____

211) 883 + 885 = _____   212) 535 + 537 = _____   213) 405 + 405 = _____

214) 675 + 673 = _____   215) 788 + 788 = _____   216) 736 + 734 = _____

217) 7,899 + 7,900 = ___   218) 492 + 492 = _____   219) 2,545 + 2,543 = ___

220) 172 + 174 = _____   221) 8,617 + 8,619 = ___   222) 664 + 662 = _____

Complete each family of facts.

223)

Triangle: 120, 74, 46

74 + 46 = 120
46 + 74 = 120
120 − 74 = 46
120 − 46 = 74

224)

Triangle: 42, 17, 25

17 + 25 = 42
25 + 17 = 42
42 − 17 = 25
42 − 25 = 17

225)

Triangle: 161, 92, 69

92 + 69 = 161
69 + 92 = 161
161 − 92 = 69
161 − 69 = 92

226)

Triangle: 123, 93, 30

93 + 30 = 123
30 + 93 = 123
123 − 93 = 30
123 − 30 = 93

227)

Triangle: 191, 92, 99

92 + 99 = 191
99 + 92 = 191
191 − 92 = 99
191 − 99 = 92

228)

Triangle: 185, 86, 99

86 + 99 = 185
99 + 86 = 185
185 − 86 = 99
185 − 99 = 86

229)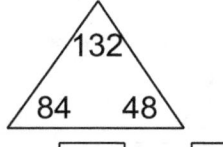

230)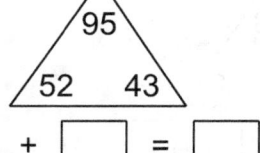

231)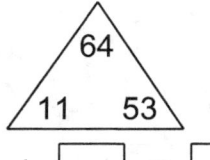

232)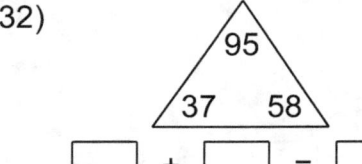

233)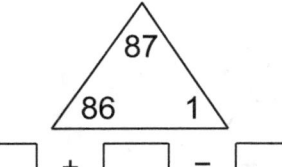

234)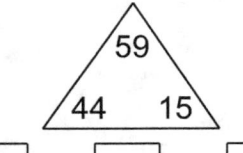

235)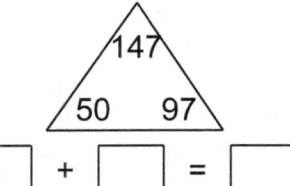

236)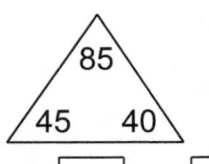

237)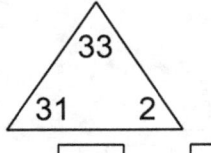

31 + 2 = 33
2 + 31 = 33
33 − 31 = 2
33 − 2 = 31

238)

20 + 42 = 62
42 + 20 = 62
62 − 20 = 42
62 − 42 = 20

239)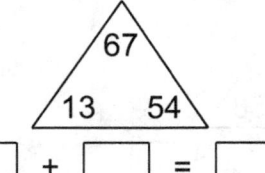

13 + 54 = 67
54 + 13 = 67
67 − 13 = 54
67 − 54 = 13

240)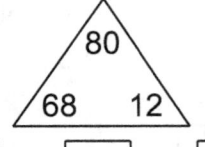

68 + 12 = 80
12 + 68 = 80
80 − 68 = 12
80 − 12 = 68

241)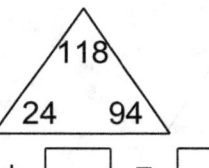

24 + 94 = 118
94 + 24 = 118
118 − 24 = 94
118 − 94 = 24

242)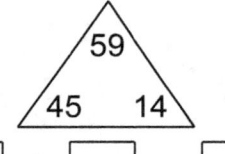

45 + 14 = 59
14 + 45 = 59
59 − 45 = 14
59 − 14 = 45

Fill in the empty blanks. Write a rule to represent the relationship between input and output.

243)

Input	Output
870	58
360	24
765	
435	

_____

244)

Input	Output
81	1,215
77	1,155
76	
64	

_____

245)

Input	Output
57	41
23	7
85	
83	

_____

246)

Input	Output
44	880
36	720
94	
17	

_____

247)

Input	Output
76	66
94	84
79	
34	

_____

248)

Input	Output
52	34
22	4
97	
25	

_____

249)

Input	Output
29	290
59	590
69	
56	

250)

Input	Output
722	38
874	46
855	
437	

251)

Input	Output
66	924
43	602
46	
13	

252)

Input	Output
64	47
50	33
70	
43	

253)

Input	Output
73	57
56	40
51	
95	

254)

Input	Output
64	77
42	55
68	
79	

255)

Input	Output
35	350
88	880
54	
17	

_____

256)

Input	Output
710	71
620	62
270	
410	

_____

257)

Input	Output
46	460
85	850
16	
13	

_____

258)

Input	Output
598	46
559	43
442	
247	

_____

259)

Input	Output
79	1,106
87	1,218
44	
77	

_____

260)

Input	Output
57	45
71	59
62	
72	

_____

261)

Input	Output
588	42
1,232	88
812	
840	

_____

262)

Input	Output
39	585
81	1,215
63	
42	

_____

What number should be added to the first number to make the second number?

263) 285 + ___ = 342   264) 96 + ___ = 686   265) 130 + ___ = 418

266) 40 + ___ = 860   267) 550 + ___ = 757   268) 151 + ___ = 221

269) 178 + ___ = 548   270) 13 + ___ = 434   271) 35 + ___ = 184

272) 53 + ____ = 698

273) 124 + ____ = 155

274) 233 + ____ = 390

275) 277 + ____ = 627

276) 12 + ____ = 991

277) 82 + ____ = 93

Match the answer with the question.

278)

a. 33 + 5 = _____ •	• I = 16
b. 24 × 5 = _____ •	• E = 38
c. 42 + 12 = _____ •	• G = 27
d. 30 - 14 = _____ •	• C = 60
e. 18 + 1 = _____ •	• D = 97
f. 93 + 4 = _____ •	• A = 54
g. 12 + 15 = _____ •	• H = 120
h. 32 + 4 = _____ •	• J = 36
i. 64 × 8 = _____ •	• F = 512
j. 62 - 2 = _____ •	• B = 19

279)
a. 58 + 18 = _____ •   • I = 22
b. 38 × 1 = _____ •   • B = 88
c. 132 ÷ 6 = _____ •   • F = 48
d. 979 ÷ 11 = _____ •   • G = 38
e. 66 ÷ 3 = _____ •   • D = 28
f. 480 ÷ 10 = _____ •   • C = 89
g. 14 × 15 = _____ •   • H = 22
h. 76 - 1 = _____ •   • J = 75
i. 89 - 1 = _____ •   • A = 76
j. 16 + 12 = _____ •   • E = 210

280)
a. 1,184 ÷ 16 = _____ •   • A = 94
b. 35 - 14 = _____ •   • H = 46
c. 736 ÷ 16 = _____ •   • D = 38
d. 528 ÷ 16 = _____ •   • B = 33
e. 117 ÷ 3 = _____ •   • E = 61
f. 51 + 3 = _____ •   • I = 21
g. 90 + 4 = _____ •   • J = 74
h. 880 ÷ 11 = _____ •   • C = 80
i. 77 - 16 = _____ •   • G = 39
j. 342 ÷ 9 = _____ •   • F = 54

281)
a. 89 + 2 = _____ •
b. 15 × 4 = _____ •
c. 612 ÷ 18 = _____ •
d. 99 - 1 = _____ •
e. 66 × 16 = _____ •
f. 396 ÷ 9 = _____ •
g. 207 ÷ 9 = _____ •
h. 376 ÷ 4 = _____ •
i. 95 - 19 = _____ •
j. 19 - 11 = _____ •

• E = 44
• B = 98
• G = 34
• H = 60
• A = 76
• D = 94
• F = 91
• I = 1,056
• J = 23
• C = 8

282)
a. 190 ÷ 2 = _____ •
b. 96 - 8 = _____ •
c. 27 × 6 = _____ •
d. 196 ÷ 4 = _____ •
e. 70 + 19 = _____ •
f. 29 + 4 = _____ •
g. 50 × 8 = _____ •
h. 96 - 4 = _____ •
i. 21 + 19 = _____ •
j. 114 ÷ 3 = _____ •

• J = 40
• C = 89
• F = 95
• G = 33
• D = 400
• I = 38
• H = 92
• B = 162
• A = 49
• E = 88

© 2020 Moleem Education

283)
a. 56 + 4 = _____ •   • A = 22

b. 58 - 1 = _____ •   • J = 60

c. 588 ÷ 14 = _____ •   • E = 74

d. 26 - 4 = _____ •   • H = 75

e. 90 + 15 = _____ •   • G = 16

f. 68 + 6 = _____ •   • D = 57

g. 31 - 15 = _____ •   • C = 42

h. 784 ÷ 14 = _____ •   • I = 56

i. 55 + 20 = _____ •   • F = 105

j. 629 ÷ 17 = _____ •   • B = 37

284)
a. 86 - 18 = _____ •   • J = 95

b. 78 + 19 = _____ •   • E = 31

c. 92 + 3 = _____ •   • H = 29

d. 522 ÷ 18 = _____ •   • D = 70

e. 38 × 6 = _____ •   • B = 130

f. 29 + 2 = _____ •   • I = 25

g. 80 - 10 = _____ •   • A = 30

h. 65 × 2 = _____ •   • C = 228

i. 50 - 20 = _____ •   • F = 68

j. 25 × 1 = _____ •   • G = 97

© 2020 Moleem Education

285)
a. 11 + 2 = _____ •
b. 693 ÷ 7 = _____ •
c. 10 - 3 = _____ •
d. 450 ÷ 15 = _____ •
e. 47 + 1 = _____ •
f. 165 ÷ 5 = _____ •
g. 97 - 6 = _____ •
h. 572 ÷ 11 = _____ •
i. 77 - 5 = _____ •
j. 560 ÷ 7 = _____ •

• F = 80
• D = 91
• G = 33
• E = 7
• I = 48
• H = 52
• C = 99
• A = 72
• J = 13
• B = 30

286)
a. 825 ÷ 15 = _____ •
b. 82 + 4 = _____ •
c. 497 ÷ 7 = _____ •
d. 445 ÷ 5 = _____ •
e. 828 ÷ 12 = _____ •
f. 59 × 4 = _____ •
g. 53 + 4 = _____ •
h. 100 ÷ 5 = _____ •
i. 21 × 11 = _____ •
j. 50 × 5 = _____ •

• D = 57
• B = 236
• H = 250
• I = 86
• E = 89
• F = 69
• C = 20
• A = 231
• G = 55
• J = 71

287)
a. 55 + 5 = _____ •
b. 1,290 ÷ 15 = _____ •
c. 156 ÷ 13 = _____ •
d. 216 ÷ 12 = _____ •
e. 104 ÷ 2 = _____ •
f. 99 + 17 = _____ •
g. 260 ÷ 4 = _____ •
h. 76 + 7 = _____ •
i. 23 + 8 = _____ •
j. 43 × 14 = _____ •

• E = 52
• A = 116
• C = 12
• G = 602
• F = 65
• I = 31
• D = 60
• B = 83
• J = 86
• H = 18

Find the sum.

288) 57 - 48 + 41 - 44 = _____

289) 69 - 16 - 19 + 93 = _____

290) 86 - 30 + 44 - 24 = _____

291) 96 + 92 - 37 - 51 = _____

292) 97 + 16 - 10 - 18 = _____

293) 67 + 32 - 18 - 37 = _____

294) 81 + 95 - 30 - 27 = _____

295) 67 + 96 - 47 - 42 = _____

© 2020 Moleem Education

296) 60 + 79 - 47 - 16 = _____

297) 94 - 13 - 34 + 60 = _____

298) 59 + 71 - 14 - 14 = _____

299) 93 + 44 - 46 - 30 = _____

300) 97 - 33 + 21 - 11 = _____

301) 97 - 40 + 62 - 47 = _____

302) 83 + 77 - 20 - 27 = _____

303) 85 - 47 + 68 - 43 = _____

Solve.

304) Amy has 25 more balls than Janet. Janet has 91 balls. How many balls does Amy have?

_____

305) 47 red plums and 97 green plums are in the basket. How many plums are in the basket?

_____

© 2020 Moleem Education

306) Donald has 28 oranges and Paul has 68 oranges. How many oranges do Donald and Paul have together?

_____

307) Some pears were in the basket. 17 more pears were added to the basket. Now there are 58 pears. How many pears were in the basket before more pears were added?

_____

308) 47 marbles are in the basket. 16 more marbles are put in the basket. How many marbles are in the basket now?

_____

309) 59 apples were in the basket. 39 are red and the rest are green. How many apples are green?

_____

310) 28 peaches were in the basket. More peaches were added to the basket. Now there are 42 peaches. How many peaches were added to the basket?

_____

311) Janet has 16 more apples than Sharon. Sharon has 91 apples. How many apples does Janet have?

_____

312) 13 red marbles and 69 green marbles are in the basket. How many marbles are in the basket?

_____

313) Some pears were in the basket. 60 more pears were added to the basket. Now there are 157 pears. How many pears were in the basket before more pears were added?

_____

Solve.

314) Donald can cycle two miles per hour. How far can Donald cycle in five hours?

_____

315) If there are four peaches in each box and there are seven boxes, how many peaches are there in total?

_____

316) Sharon swims five laps every day. How many laps will Sharon swim in eight days?

_____

317) Marin's garden has eight rows of pumpkins. Each row has two pumpkins. How many pumpkins does Marin have in all?

_____

318) Adam has seven times more apples than Marcie. Marcie has seven apples. How many apples does Adam have?

_____

319) Jake has four times more pears than Allan. Allan has seven pears. How many pears does Jake have?

_____

© 2020 Moleem Education

320) Sandra swims four laps every day. How many laps will Sandra swim in two days?

321) If there are five plums in each box and there are eight boxes, how many plums are there in total?

322) Paul can cycle two miles per hour. How far can Paul cycle in nine hours?

323) Amy's garden has nine rows of pumpkins. Each row has eight pumpkins. How many pumpkins does Amy have in all?

Solve.

324) How many 73 cm pieces of rope can you cut from a rope that is 219 cm long?

325) Jennifer made 258 cookies for a bake sale. She put the cookies in bags, with 86 cookies in each bag. How many bags did she have for the bake sale?

326) Billy is reading a book with 240 pages. If Billy wants to read the same number of pages every day, how many pages would Billy have to read each day to finish in 40 days?

327) David ordered 39 pizzas. The bill for the pizzas came to $273. What was the cost of each pizza?

328) A box of peaches weighs 462 pounds. If one peach weighs 66 pounds, how many peaches are there in the box?

329) You have 160 apples and want to share them equally with 40 people. How many apples would each person get?

330) You have 456 balls and want to share them equally with 57 people. How many balls would each person get?

331) Marcie made 288 cookies for a bake sale. She put the cookies in bags, with 72 cookies in each bag. How many bags did she have for the bake sale?

332) Sandra ordered 49 pizzas. The bill for the pizzas came to $343. What was the cost of each pizza?

333) Brian is reading a book with 595 pages. If Brian wants to read the same number of pages every day, how many pages would Brian have to read each day to finish in 85 days?

Solve.

334) 27 peaches are in the basket. Five are red and the rest are green. How many peaches are green?

335) 74 balls were in the basket. Some of the balls were removed from the basket. Now there are 66 balls. How many balls were removed from the basket?

336) Steven has five marbles. Paul has 76 marbles. How many more marbles does Paul have than Steven?

337) Some pears were in the basket. Four pears were taken from the basket. Now there are 87 pears. How many pears were in the basket before some of the pears were taken?

338) 98 apples are in the basket. Six apples are taken out of the basket. How many apples are in the basket now?

339) Audrey has 52 fewer plums than Amy. Amy has 57 plums. How many plums does Audrey have?

340) 71 oranges are in the basket. Seven oranges are taken out of the basket. How many oranges are in the basket now?

341) 33 plums are in the basket. Two are red and the rest are green. How many plums are green?

342) Ellen has 63 fewer apples than Audrey. Audrey has 70 apples. How many apples does Ellen have?

343) Some oranges were in the basket. Seven oranges were taken from the basket. Now there are 20 oranges. How many oranges were in the basket before some of the oranges were taken?

344) Paul has three balls. Allan has 80 balls. How many more balls does Allan have than Paul?

345) 68 pears were in the basket. Some of the pears were removed from the basket. Now there are 65 pears. How many pears were removed from the basket?

346) Billy has nine marbles. Adam has 50 marbles. How many more marbles does Adam have than Billy?

347) 34 peaches are in the basket. Four peaches are taken out of the basket. How many peaches are in the basket now?

348) 51 marbles were in the basket. Some of the marbles were removed from the basket. Now there are 49 marbles. How many marbles were removed from the basket?

349) Jennifer has 46 fewer plums than Janet. Janet has 54 plums. How many plums does Jennifer have?

Solve the following.

350) Steven's net pay is £478.80 after deductions of £151.20. He makes £15.00 per hour. How many hours did he work?

_____

351) If Marcie earns £160.00 after working 20 hours what is the hourly rate?

_____

352) How much will Adam earn if he earns £15.00 per hour and works seven hours?

_____

353) How much will Janet earn if she earns £7.00 for each hour worked, works 41 hours, and has payroll deductions of £86.10?

_____

354) If Allan earns £302.40 after deductions of £117.60 and after working 30 hours what is the hourly rate?

_____

355) Jackie's gross pay is £99.00. After deductions of 10% what is her net pay?

_____

356) What is David's net pay if he earns £12.00 for each hour worked, works 46 hours, and has payroll deductions of 25%?

_____

357) Sandra baby-sat for 36 hours over two weeks. She earned £7.00 an hour. What was her gross pay?

_____

© 2020 Moleem Education

358) If Donald earns £142.20 after deductions of £37.80 and after working 12 hours what is the hourly rate?

_____

359) Jake's net pay is £284.40 after deductions of £75.60. He makes £10.00 per hour. How many hours did he work?

_____

360) Michele baby-sat for 37 hours over two weeks. She earned £12.00 an hour. What was her gross pay?

_____

361) How much will Steven earn if he earns £8.00 per hour and works 37 hours?

_____

362) Sharon's gross pay is £112.00. After deductions of 13% what is her net pay?

_____

363) If Jackie earns £533.00 after working 41 hours what is the hourly rate?

_____

364) What is Billy's net pay if he earns £9.00 for each hour worked, works 32 hours, and has payroll deductions of 12%?

_____

365) How much will Janet earn if she earns £15.00 for each hour worked, works 48 hours, and has payroll deductions of £93.60?

_____

Fill in as indicated.

366)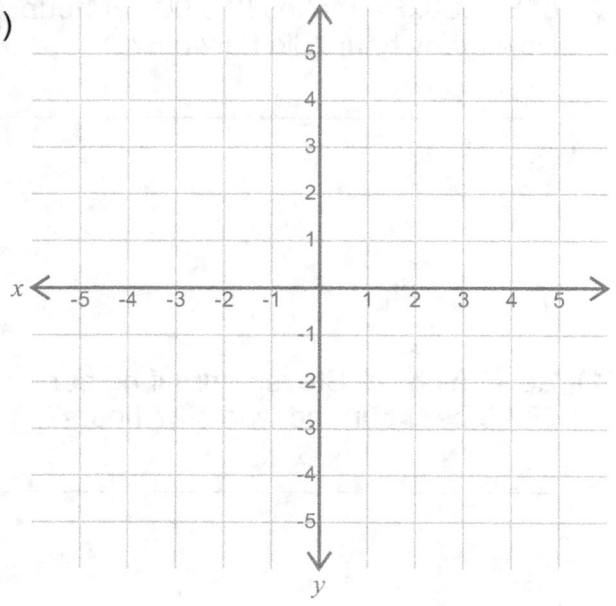

A = (1, 4)	B = (1, 5)
C = (2, -5)	D = (4, 0)
E = (-5, -4)	F = (0, 2)

367)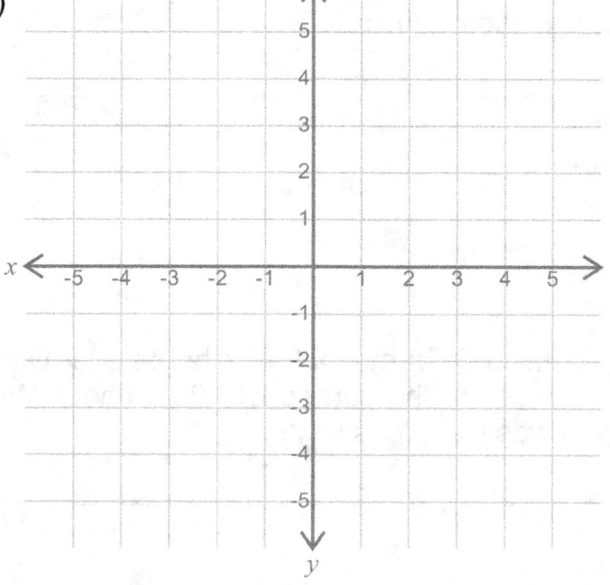

A = (-4, -2)	B = (-5, 2)
C = (3, -3)	D = (3, -1)
E = (1, 2)	F = (0, 4)

368)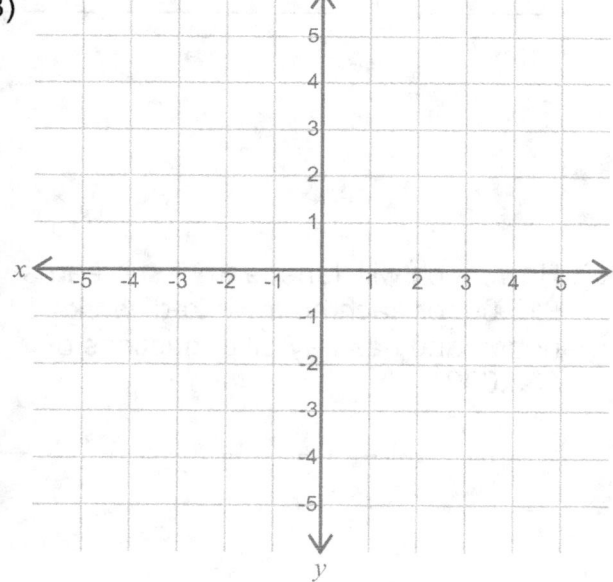

A = (5, -2)	B = (-4, 3)
C = (1, -3)	D = (4, 5)
E = (2, 4)	F = (1, 2)

369)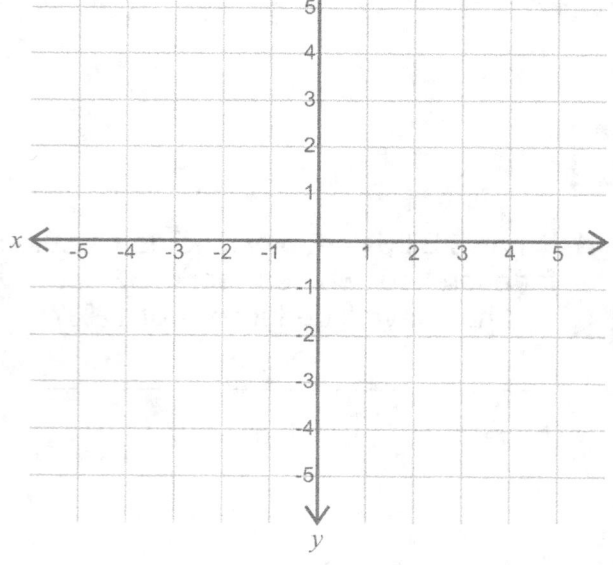

A = (-5, 3)	B = (-5, -5)
C = (0, 4)	D = (4, 3)
E = (-4, -1)	F = (2, 2)

370)

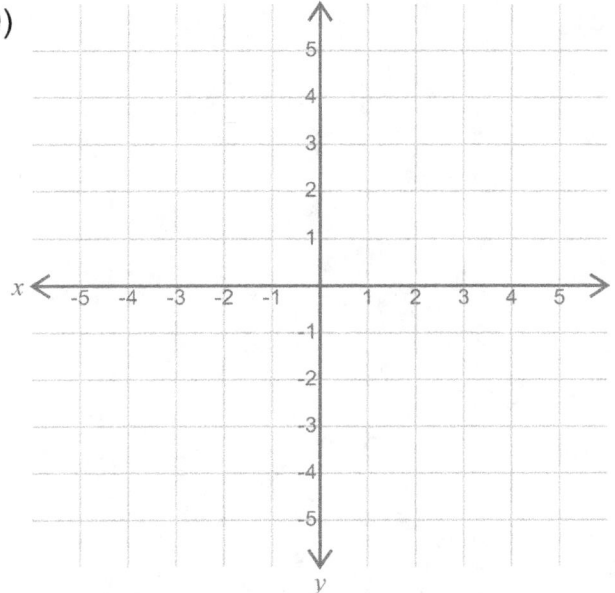

A = (2, -3)	B = (-2, 2)
C = (5, -4)	D = (-2, 4)
E = (-1, 4)	F = (-4, -2)

371)

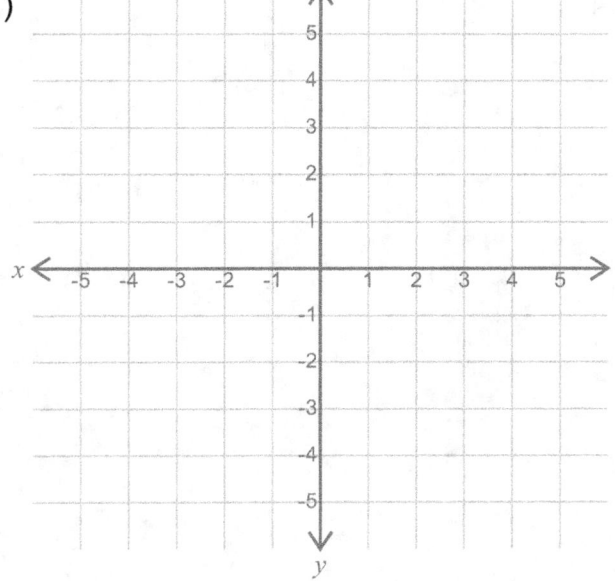

A = (3, -4)	B = (4, 3)
C = (-2, 0)	D = (-5, -3)
E = (2, -1)	F = (1, 5)

372)

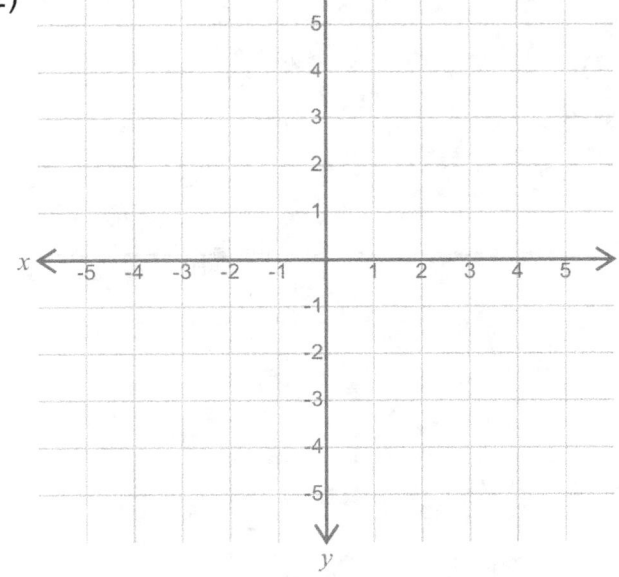

A = (5, -4)	B = (-5, 0)
C = (1, 3)	D = (-3, -3)
E = (2, 2)	F = (-2, -1)

373)

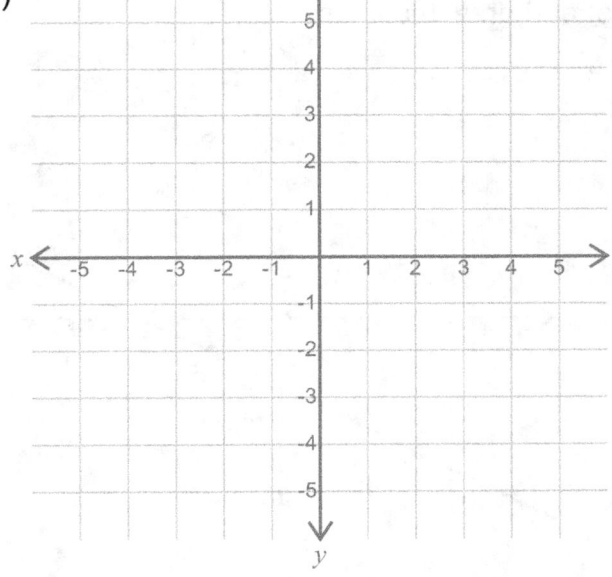

A = (-2, 0)	B = (-5, 3)
C = (-4, 2)	D = (2, -2)
E = (-5, 0)	F = (4, -4)

374)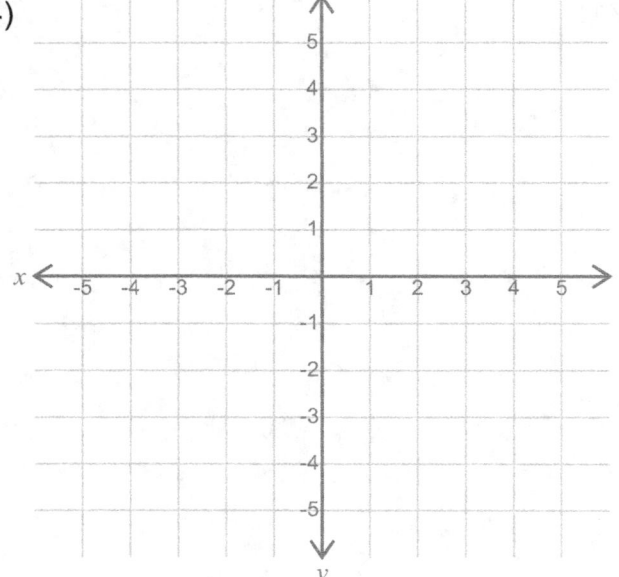

A = (-3, -4) B = (-4, -4)

C = (-2, 3)   D = (4, 1)

E = (2, 3)   F = (3, -1)

375)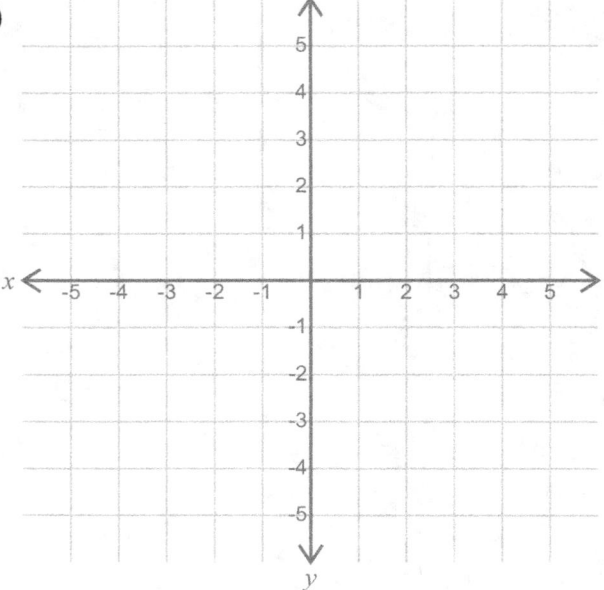

A = (-5, -2) B = (1, -2)

C = (-1, 3)   D = (-1, 0)

E = (-4, 3)   F = (-2, -3)

Plot and draw the lines.

376)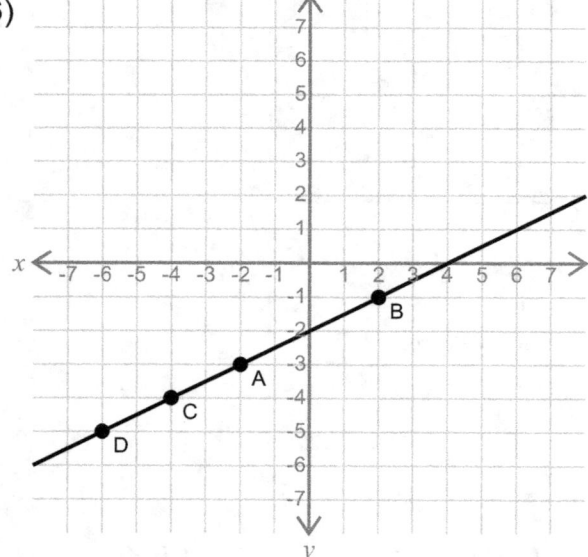

A = _____ B = _____

C = _____ D = _____

377)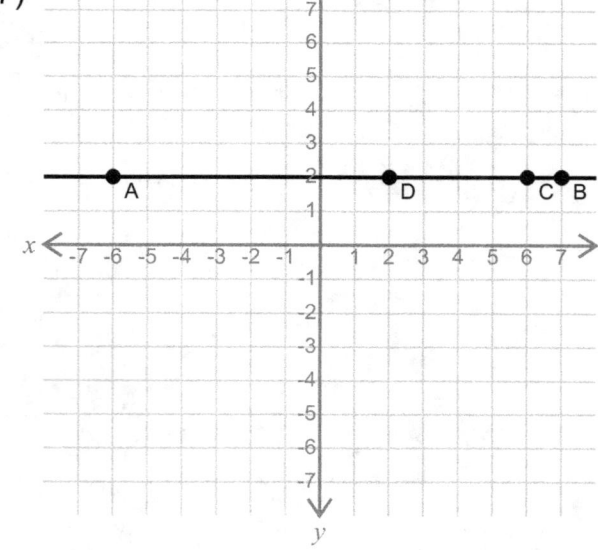

A = _____ B = _____

C = _____ D = _____

378)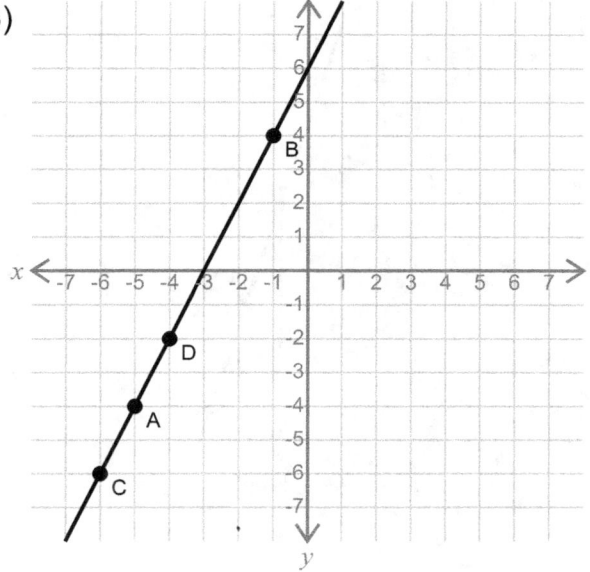

A = _____ B = _____

C = _____ D = _____

379)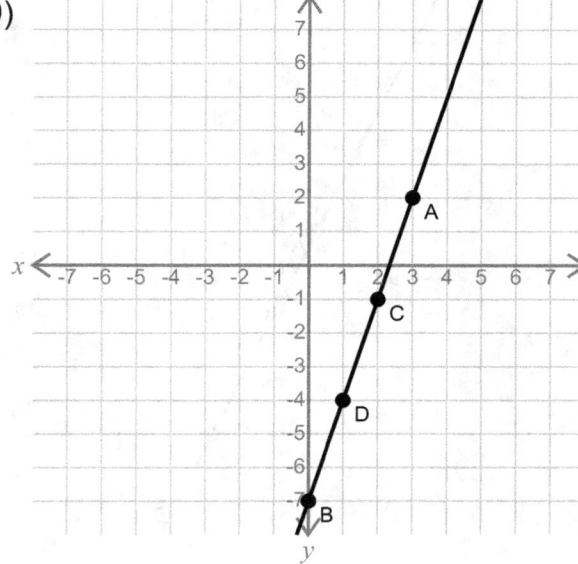

A = _____ B = _____

C = _____ D = _____

380)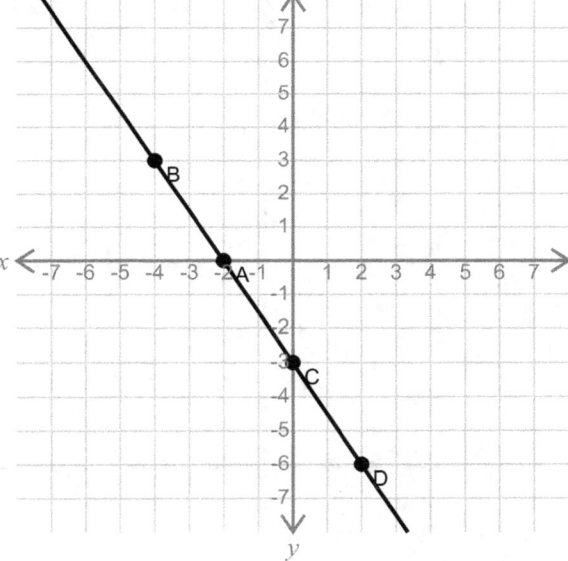

A = _____ B = _____

C = _____ D = _____

381)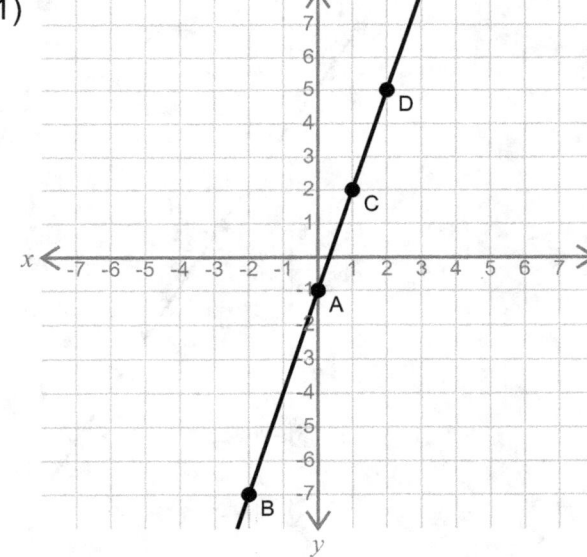

A = _____ B = _____

C = _____ D = _____

382)

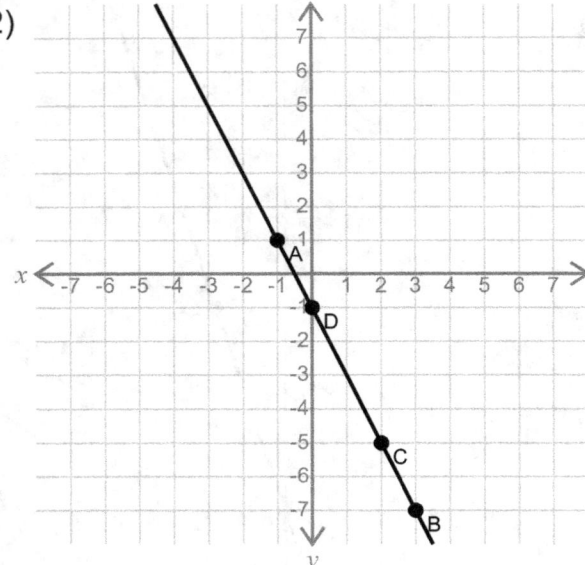

A = _____ B = _____

C = _____ D = _____

383)

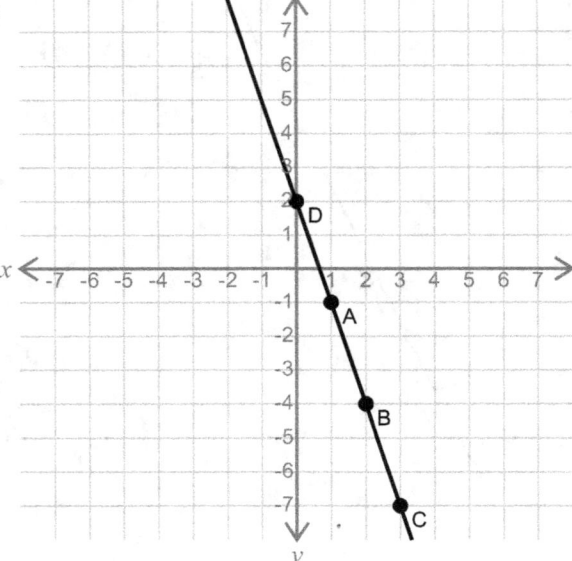

A = _____ B = _____

C = _____ D = _____

384)

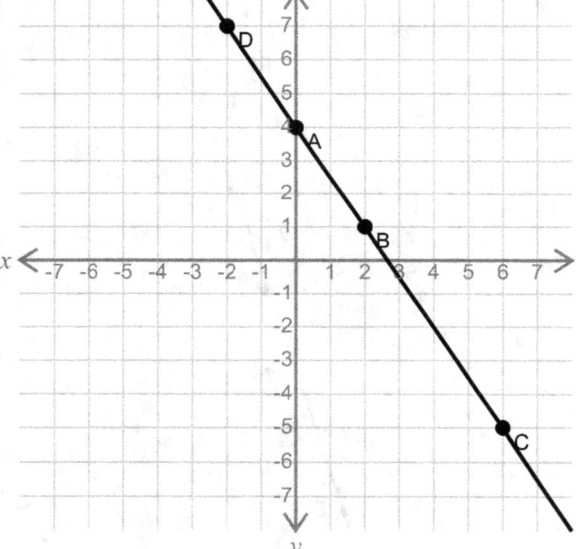

A = _____ B = _____

C = _____ D = _____

385)

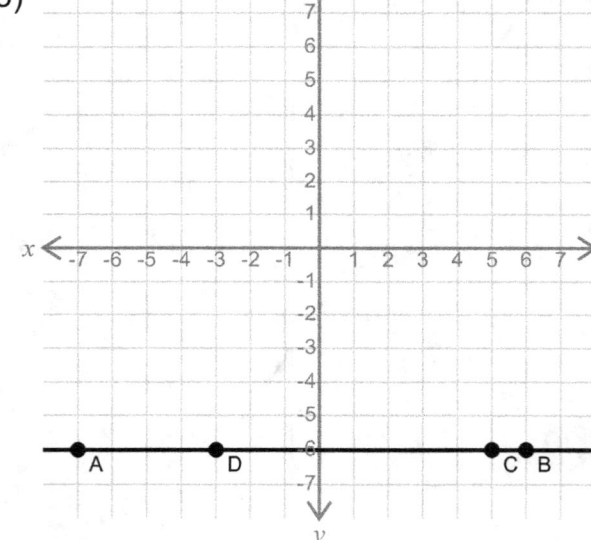

A = _____ B = _____

C = _____ D = _____

Fill in as indicated.

386)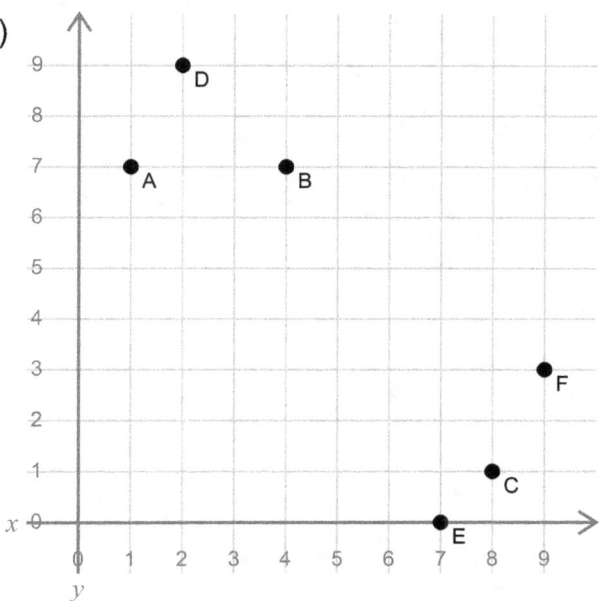

A = _____ B = _____

C = _____ D = _____

E = _____ F = _____

387)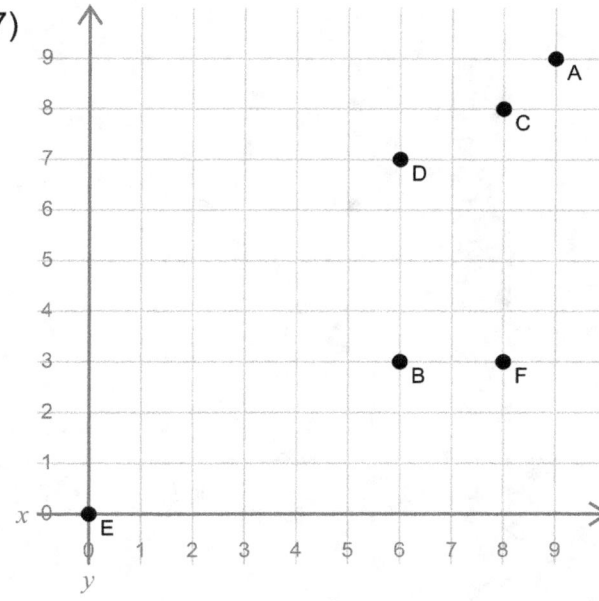

A = _____ B = _____

C = _____ D = _____

E = _____ F = _____

388)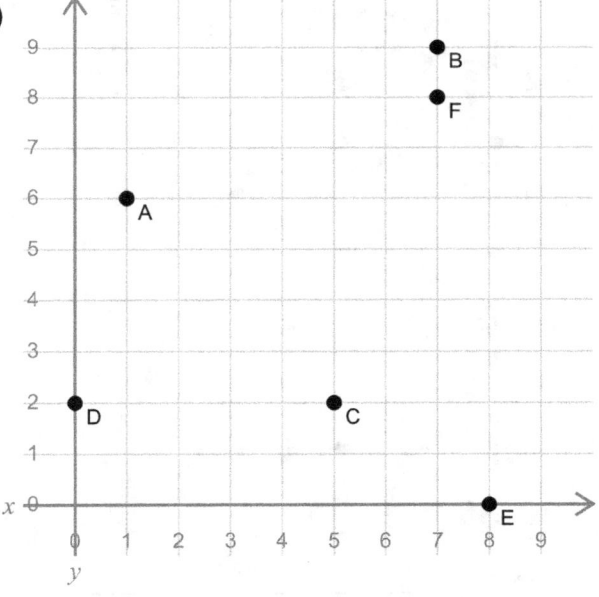

A = _____ B = _____

C = _____ D = _____

E = _____ F = _____

389)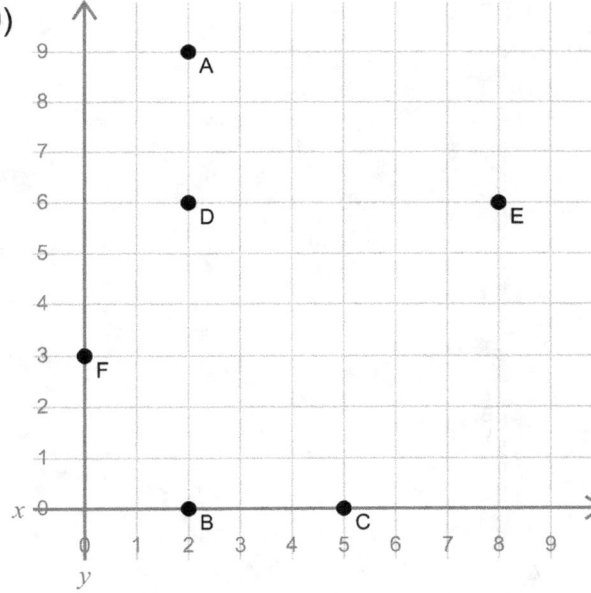

A = _____ B = _____

C = _____ D = _____

E = _____ F = _____

390)

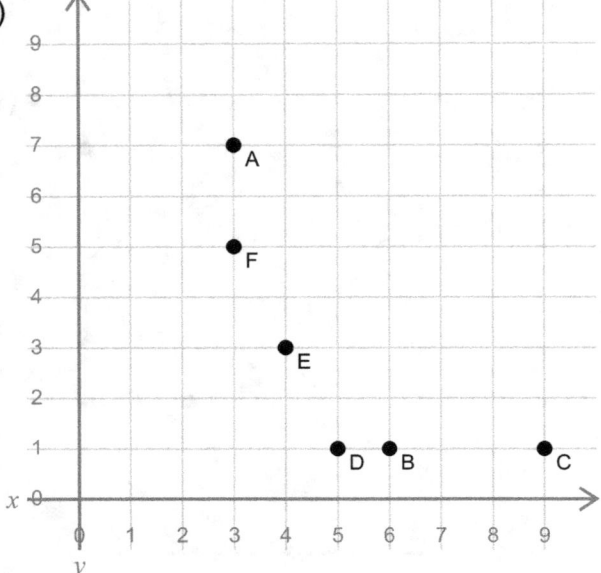

A = _____ B = _____

C = _____ D = _____

E = _____ F = _____

391)

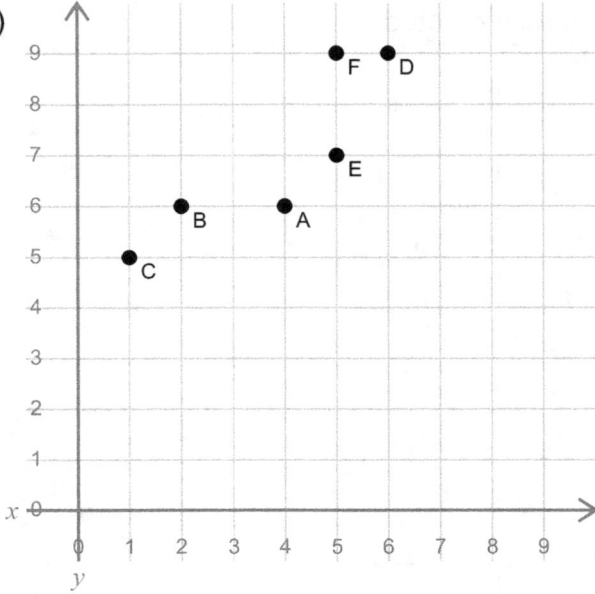

A = _____ B = _____

C = _____ D = _____

E = _____ F = _____

392)

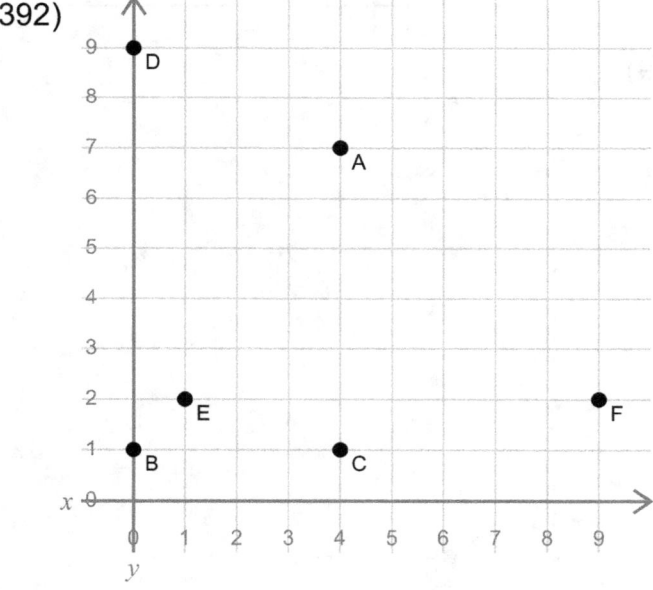

A = _____ B = _____

C = _____ D = _____

E = _____ F = _____

393)

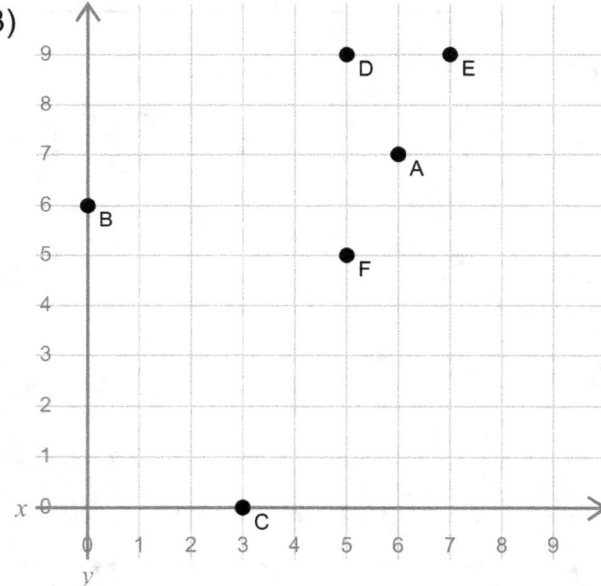

A = _____ B = _____

C = _____ D = _____

E = _____ F = _____

394)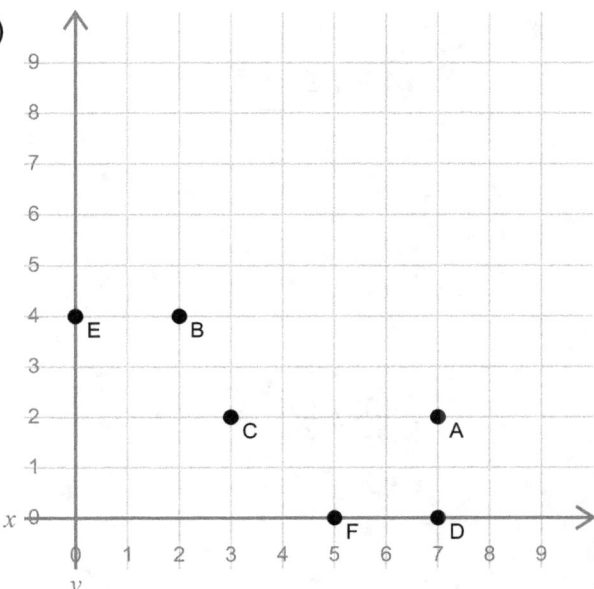

A = (2, 7)   B = (4, 2)

C = (2, 3)   D = (0, 7)

E = (4, 0)   F = (0, 5)

395)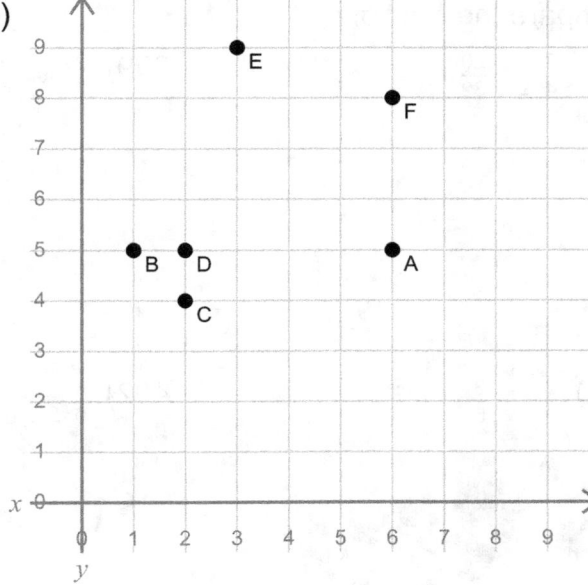

A = (5, 6)   B = (5, 1)

C = (4, 2)   D = (5, 2)

E = (9, 3)   F = (8, 6)

396)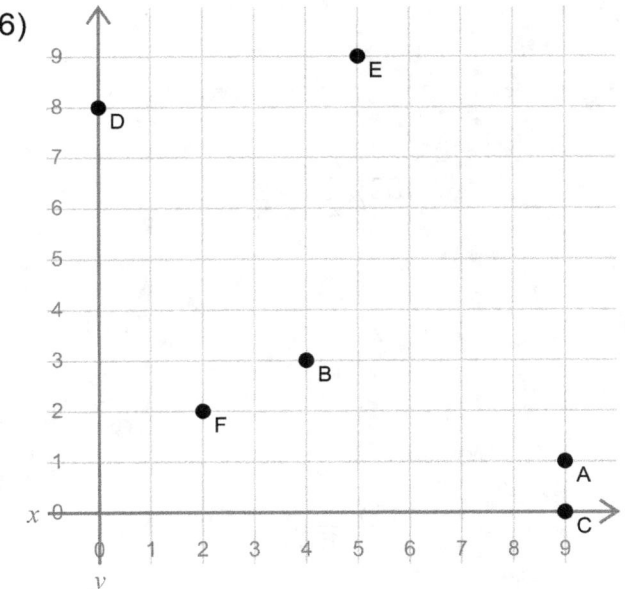

A = (1, 9)   B = (3, 4)

C = (0, 9)   D = (8, 0)

E = (9, 5)   F = (2, 2)

397)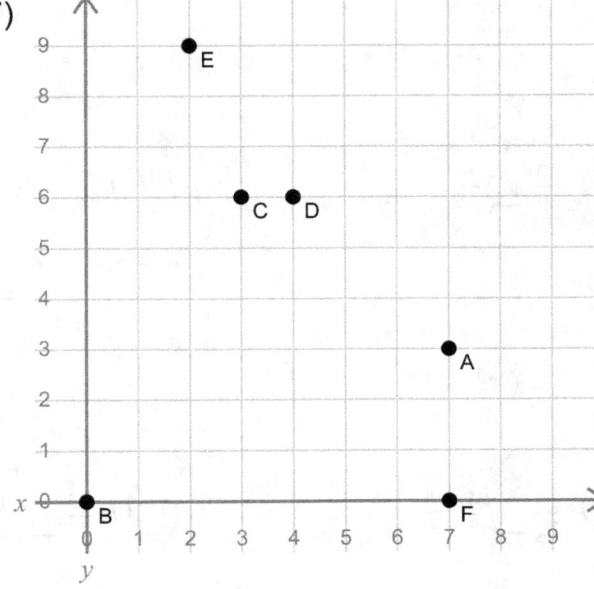

A = (3, 7)   B = (0, 0)

C = (6, 3)   D = (6, 4)

E = (9, 2)   F = (0, 7)

Compare the fractions.

398) $\dfrac{2}{4}$ ___ $\dfrac{20}{32}$

399) $\dfrac{2}{3}$ ___ $\dfrac{2}{10}$

400) $\dfrac{6}{8}$ ___ $\dfrac{5}{6}$

401) $\dfrac{2}{8}$ ___ $\dfrac{3}{5}$

402) $\dfrac{6}{9}$ ___ $\dfrac{4}{6}$

403) $\dfrac{4}{8}$ ___ $\dfrac{5}{6}$

404) $\dfrac{18}{30}$ ___ $\dfrac{12}{24}$

405) $\dfrac{3}{5}$ ___ $\dfrac{3}{4}$

406) $\dfrac{1}{3}$ ___ $\dfrac{4}{8}$

407) $\dfrac{18}{36}$ ___ $\dfrac{6}{36}$

408) $\dfrac{1}{3}$ ___ $\dfrac{16}{20}$

409) $\dfrac{3}{4}$ ___ $\dfrac{5}{8}$

410) $\dfrac{10}{12}$ ___ $\dfrac{4}{5}$

411) $\dfrac{15}{20}$ ___ $\dfrac{1}{8}$

412) $\dfrac{5}{15}$ ___ $\dfrac{1}{3}$

Divide.

413) $\frac{9}{10} \div 16 =$ _____

414) $\frac{2}{8} \div 42 =$ _____

415) $87 \div \frac{2}{6} =$ _____

416) $47 \div \frac{5}{7} =$ _____

417) $\frac{1}{2} \div 67 =$ _____

418) $\frac{7}{8} \div 50 =$ _____

419) $\frac{1}{4} \div 87 =$ _____

420) $\frac{2}{3} \div 57 =$ _____

421) $\frac{1}{6} \div 39 =$ _____

422) $\frac{1}{5} \div 86 =$ _____

423) $\frac{6}{9} \div 25 =$ _____

424) $83 \div \frac{1}{2} =$ _____

425) $96 \div \frac{7}{10} =$ _____

426) $\frac{6}{7} \div 11 =$ _____

427) $88 \div \frac{2}{6} =$ _____

428) $30 \div \frac{8}{9} =$ _____

Calculate.

429) $5\frac{1}{6} + 4\frac{1}{6} =$ _____
430) $6\frac{3}{4} + 8\frac{3}{4} =$ _____
431) $6\frac{2}{3} + 5\frac{1}{3} =$ _____

432) $7\frac{7}{8} + 1\frac{2}{8} =$ _____
433) $5\frac{4}{5} + 5\frac{3}{5} =$ _____
434) $6\frac{3}{8} + 8\frac{2}{8} =$ _____

435) $3\frac{1}{6} + 1\frac{5}{6} =$ _____
436) $9\frac{3}{4} + 8\frac{2}{4} =$ _____
437) $3\frac{3}{5} + 9\frac{1}{5} =$ _____

438) $5\frac{1}{3} + 4\frac{1}{3} =$ _____
439) $1\frac{1}{5} + 7\frac{2}{5} =$ _____
440) $6\frac{3}{8} + 2\frac{5}{8} =$ _____

Convert the following fractions. Improper to Mixed and Mixed to Improper fractions.

441) $\frac{46}{9} = $ _____

442) $9\frac{4}{12} = $ _____

443) $\frac{25}{4} = $ _____

444) $9\frac{3}{18} = $ _____

445) $\frac{67}{24} = $ _____

446) $5\frac{18}{30} = $ _____

447) $2\frac{6}{10} = $ _____

448) $\frac{32}{9} = $ _____

449) $\frac{262}{32} = $ _____

450) $1\frac{2}{10} = $ _____

451) $\frac{153}{36} = $ _____

452) $\frac{15}{8} = $ _____

453) $5\frac{7}{12} = $ _____

454) $1\frac{2}{12} = $ _____

455) $\frac{157}{24} = $ _____

456) $\frac{30}{12} = $ _____

457) $\frac{157}{20} = $ _____

458) $8\frac{3}{18} = $ _____

Simplify the fractions.

459) $\dfrac{110}{220} =$ _____

460) $\dfrac{19}{57} =$ _____

461) $\dfrac{76}{380} =$ _____

462) $\dfrac{50}{150} =$ _____

463) $\dfrac{294}{490} =$ _____

464) $\dfrac{50}{400} =$ _____

465) $\dfrac{297}{396} =$ _____

466) $\dfrac{29}{174} =$ _____

467) $\dfrac{38}{57} =$ _____

468) $\dfrac{119}{136} =$ _____

469) $\dfrac{53}{318} =$ _____

470) $\dfrac{158}{316} =$ _____

471) $\dfrac{42}{105} =$ _____

472) $\dfrac{90}{135} =$ _____

473) $\dfrac{142}{355} =$ _____

474) $\dfrac{320}{384} =$ _____ 475) $\dfrac{219}{292} =$ _____ 476) $\dfrac{518}{592} =$ _____

Calculate the circumference and area of each circle.

477)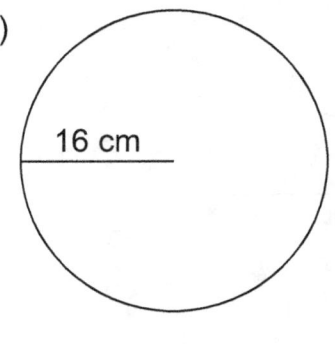
16 cm

_____
_____

478)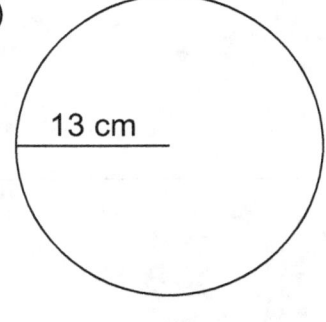
13 cm

_____
_____

479)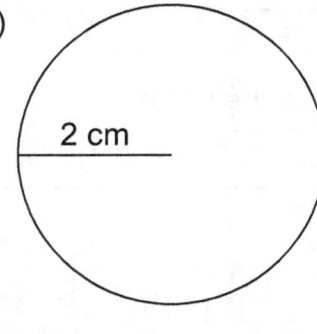
2 cm

_____
_____

480)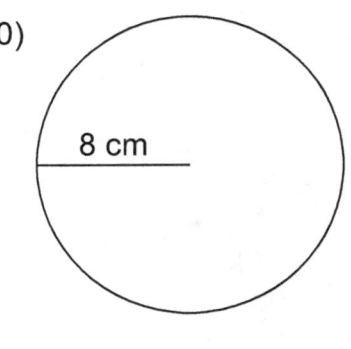
8 cm

_____
_____

481)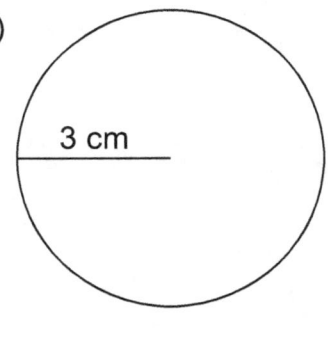
3 cm

_____
_____

482)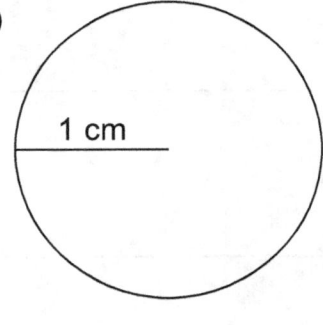
1 cm

_____
_____

483)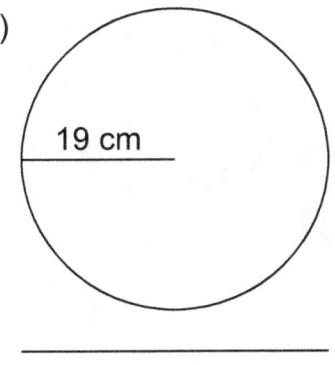
19 cm

_____
_____

484)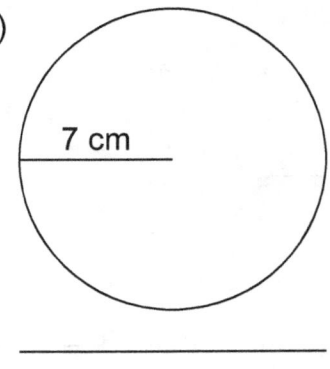
7 cm

_____
_____

485)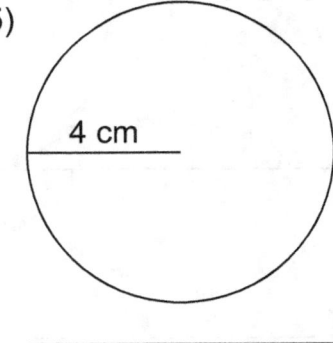
4 cm

_____
_____

486)

6 cm

_____
_____

Measure the lines.

487)
_____

488)
_____

489)
_____

490)
_____

491)
_____

492)
_____

493)
_____

494) _____

495) _____

496) _____

Measure the following angles which have been drawn to scale.

497) [ ]

498) [ ]

499) [ ]

500) [ ]

501) [ ]

502) [ ]

503)
504)
505)
506)
507)
508)
509)
510)

511)

512)

Find the perimeter and area.

513)

9 cm
23 cm 12 cm
20 cm

_____

514)

27 cm
26 cm

_____

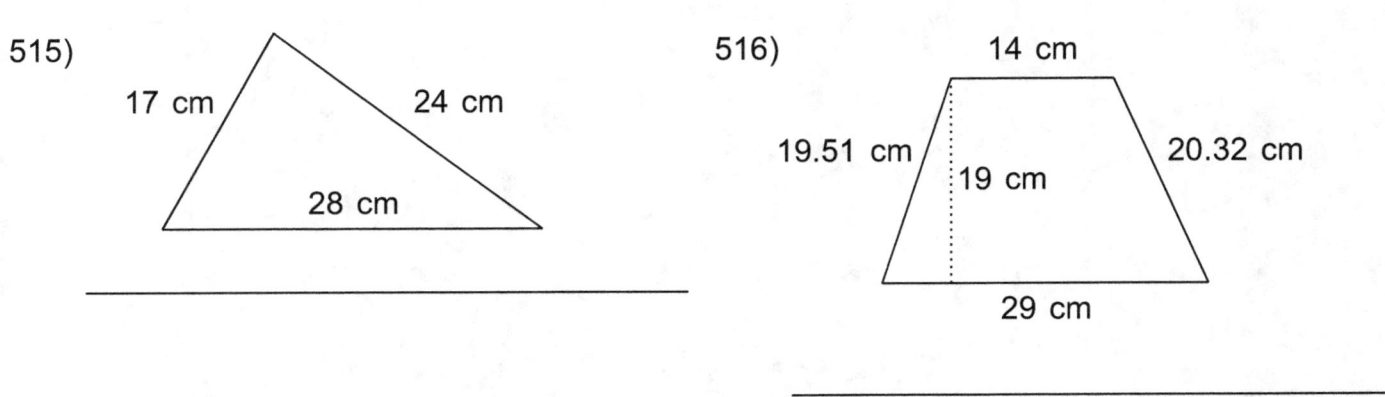

515)
17 cm   24 cm
28 cm

_____

516)
14 cm
19.51 cm   19 cm   20.32 cm
29 cm

_____

© 2020 Moleem Education

517)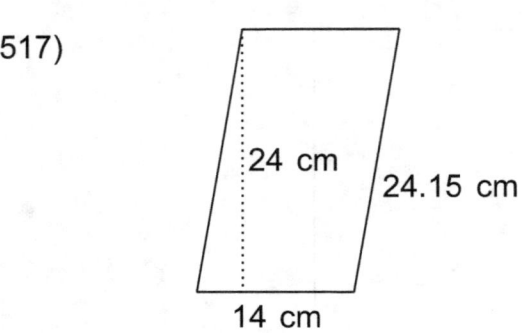
_____

518)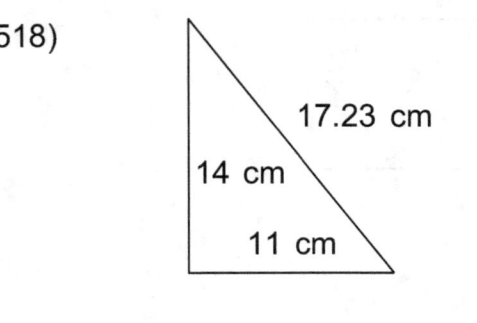
_____

519)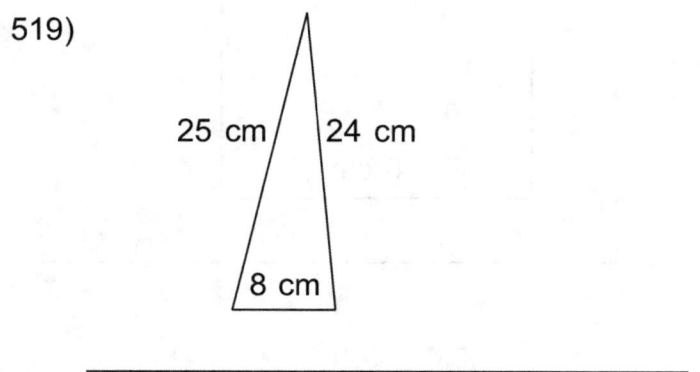
_____

520)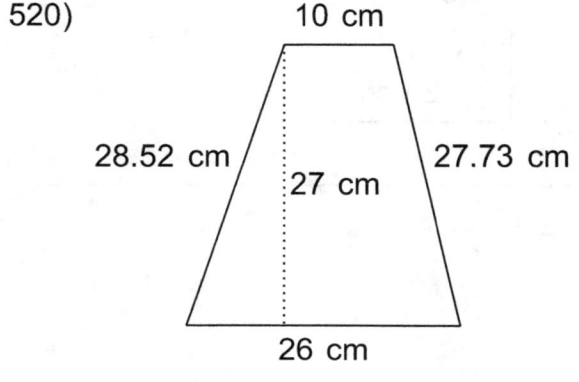
_____

521)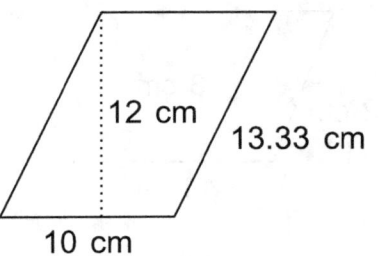

522)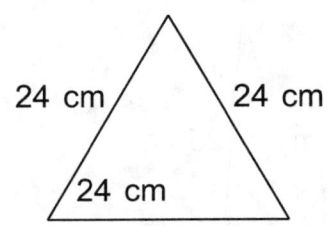

523)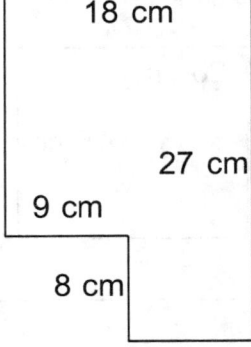

524)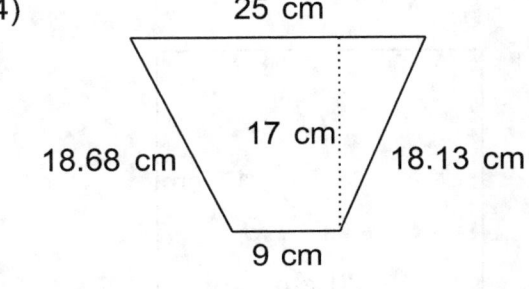

© 2020 Moleem Education

525)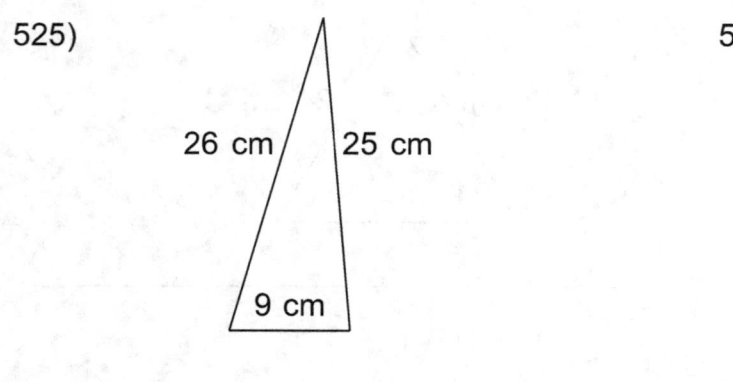

_____

526)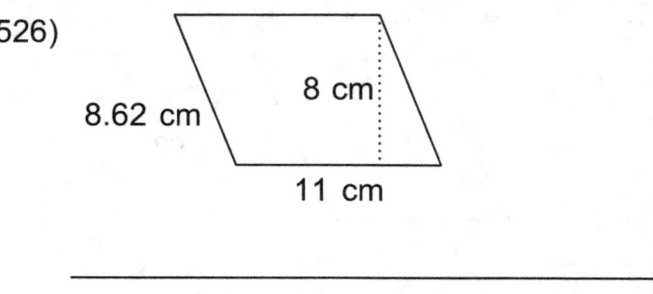

_____

527)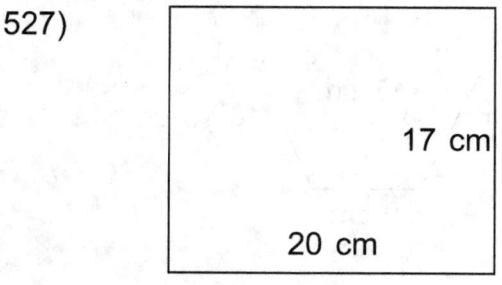

_____

528)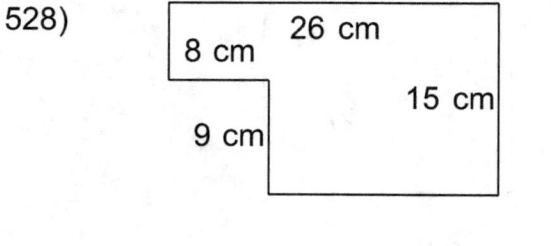

_____

529)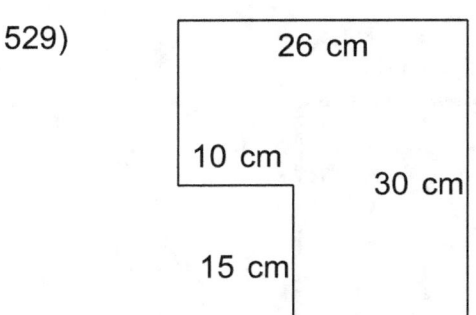

_____

530)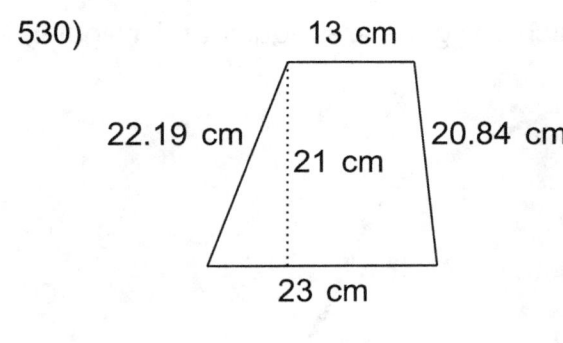

_____

531)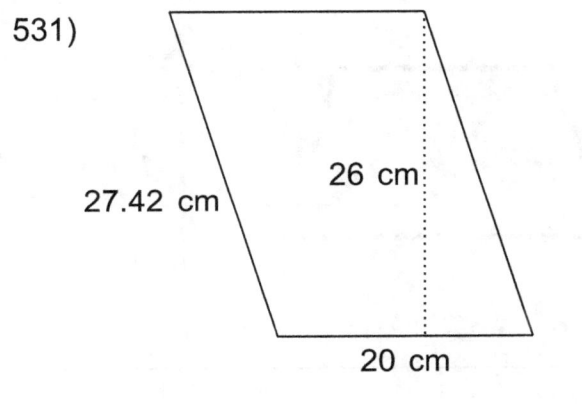

_____

532)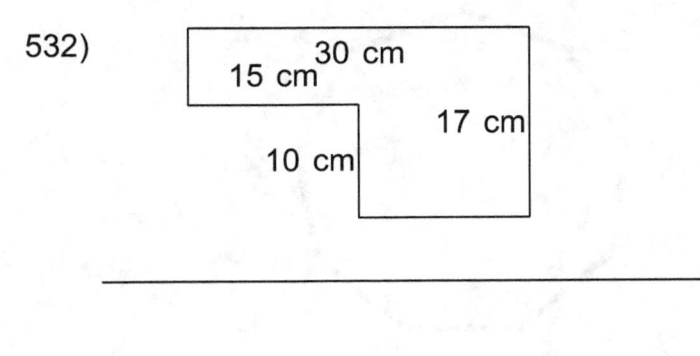

_____

Identify which polygons are regular and irregular

533)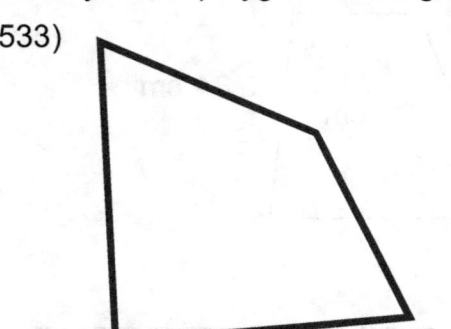
_____

534)
_____

535)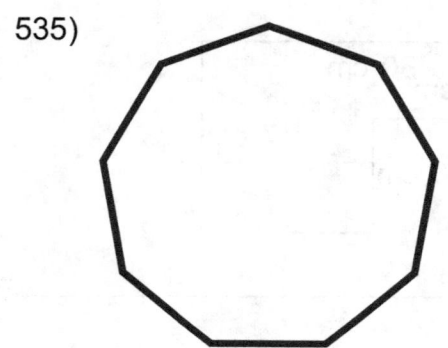
_____

536)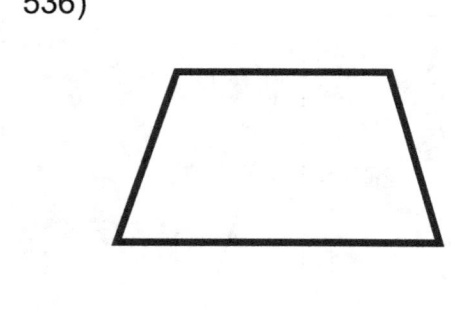
_____

537)

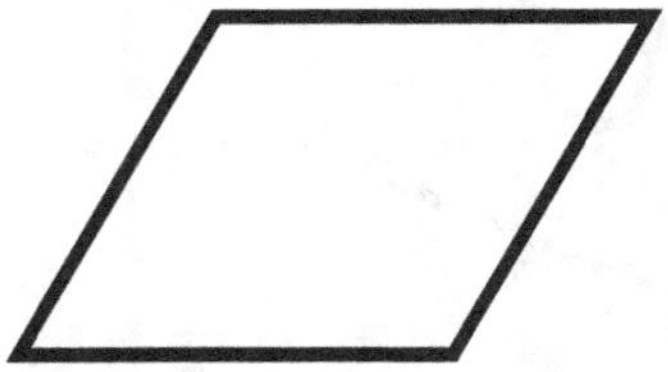

538)

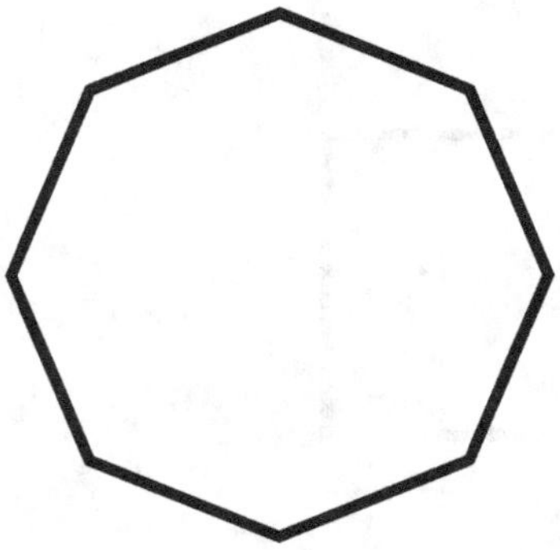

539)

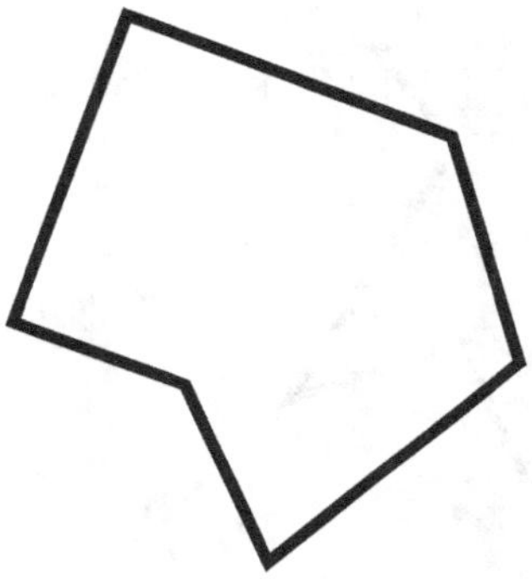

540)

541)

542)

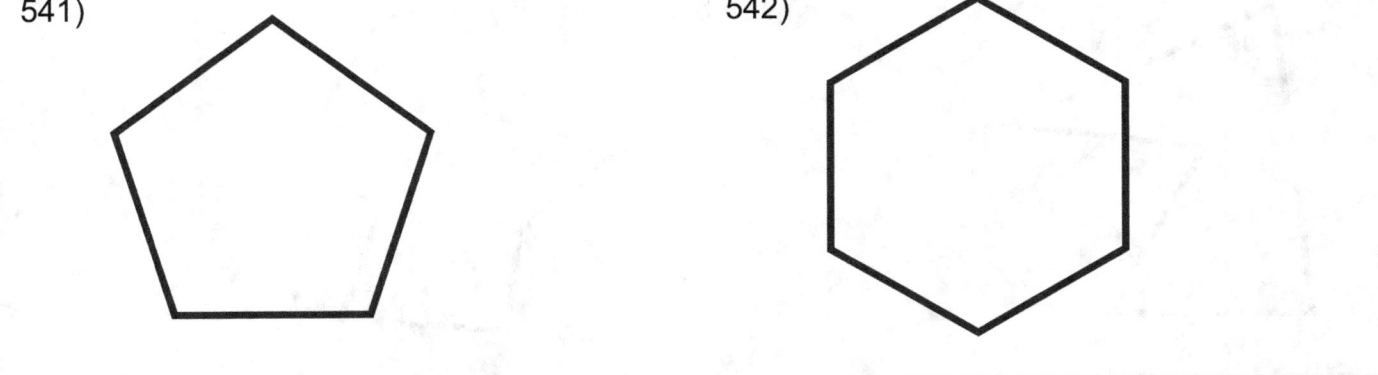

543)
544)
545)
546)
547)
548)

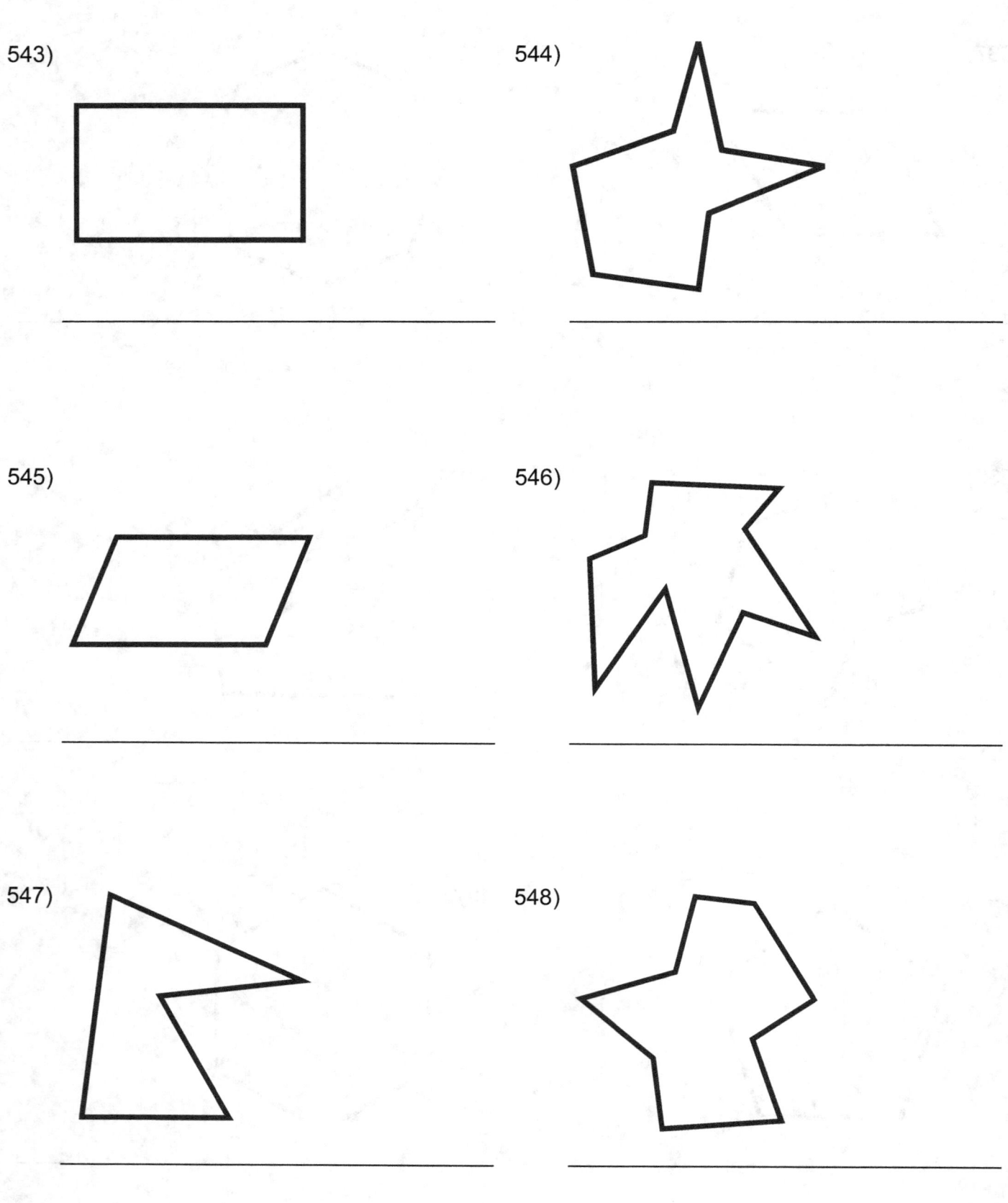

Determine the number of cubes.

549)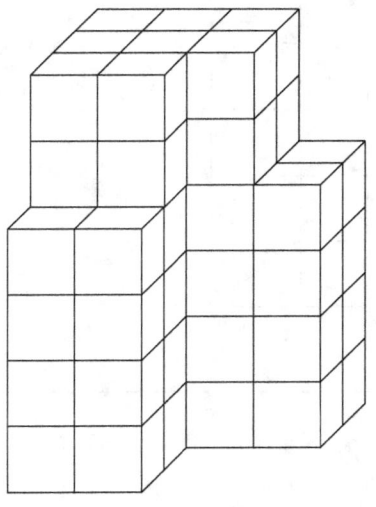

550)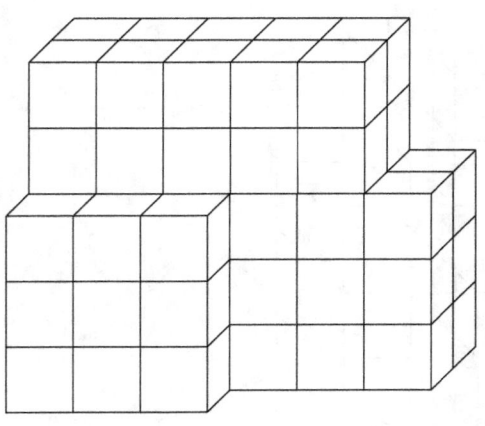

551)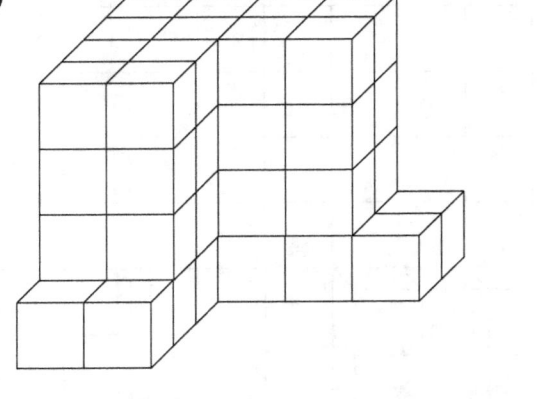

552)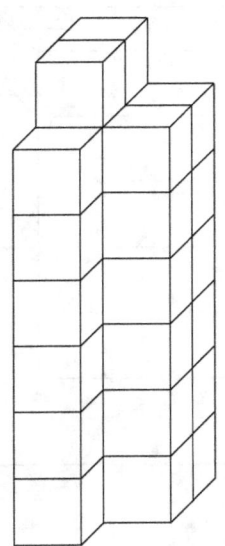

© 2020 Moleem Education

553)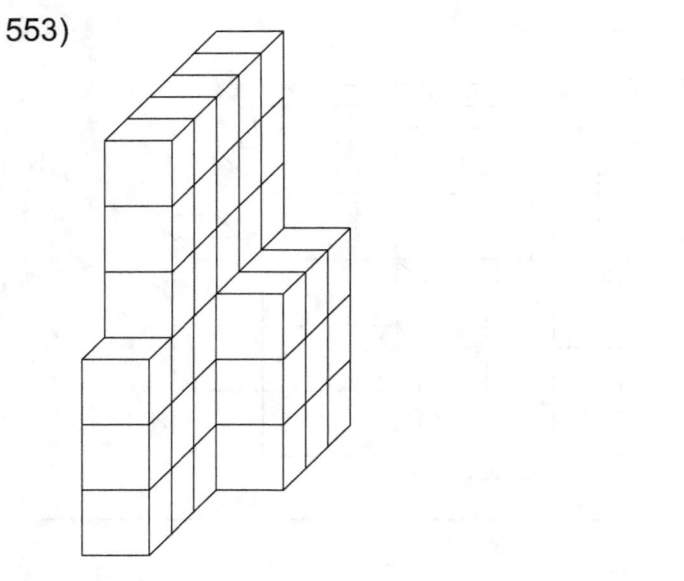
_____

554)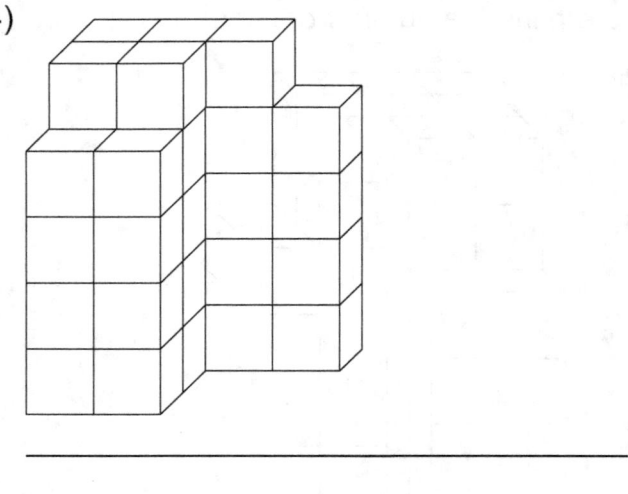
_____

555)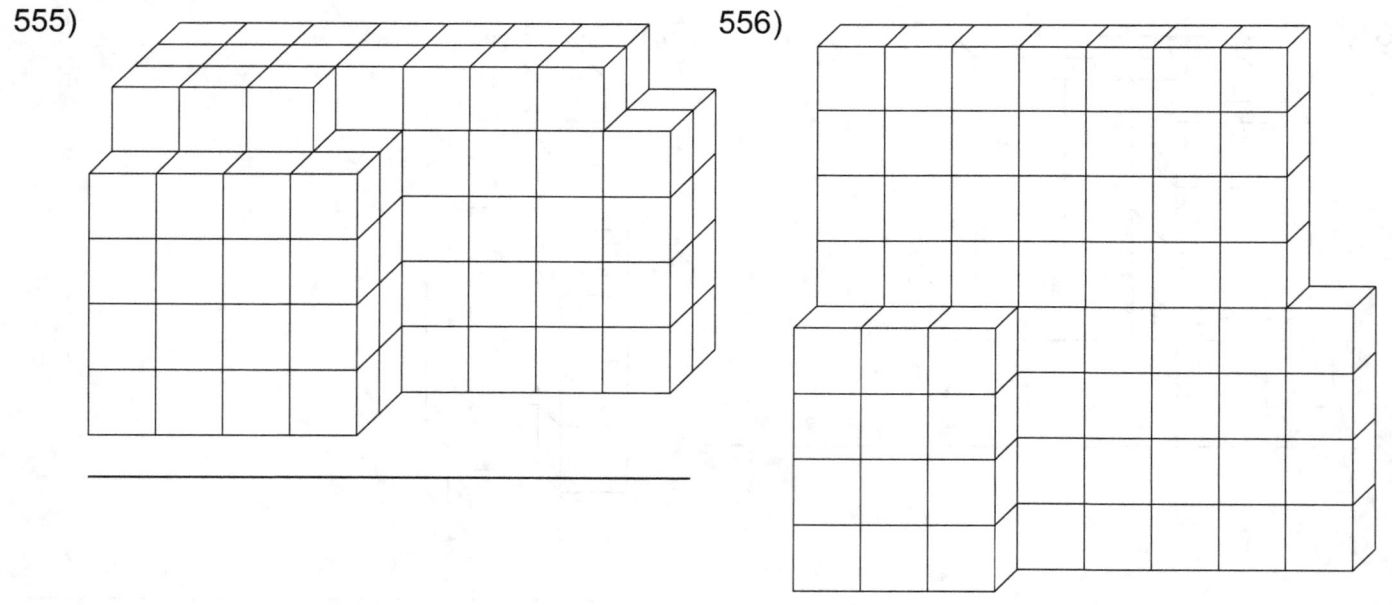
_____

556)
_____

557)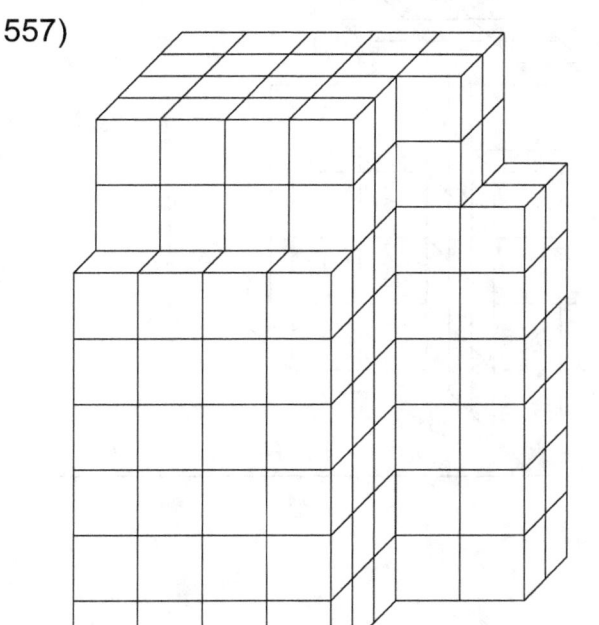
_____

558)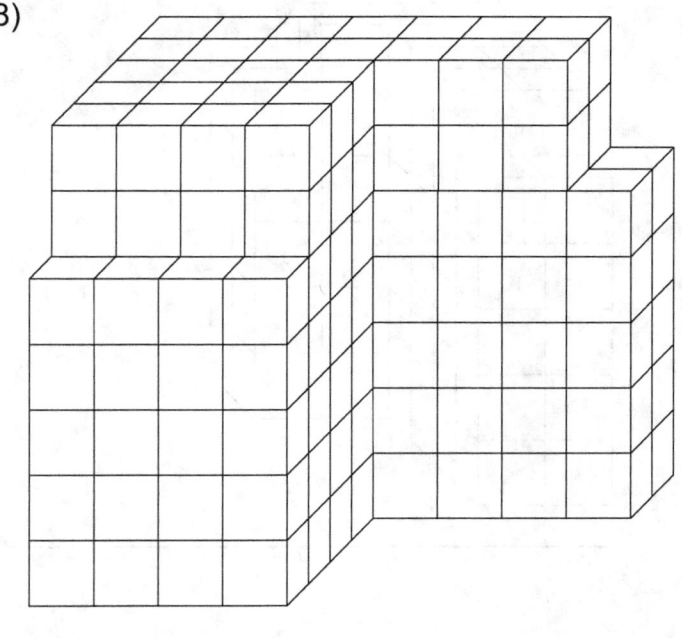
_____

559)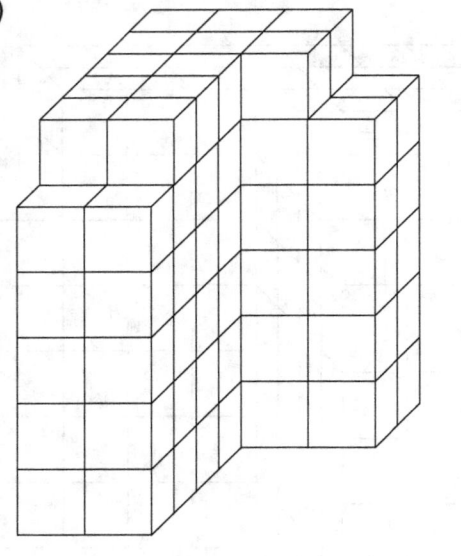

560)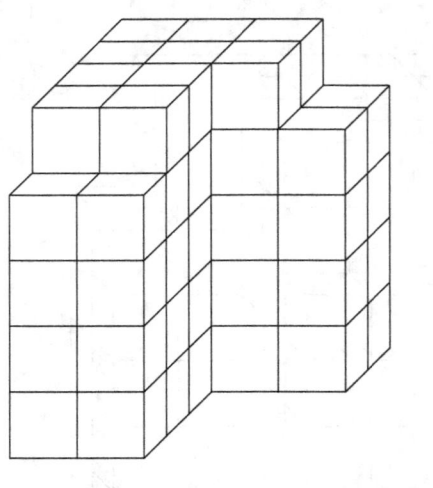

561)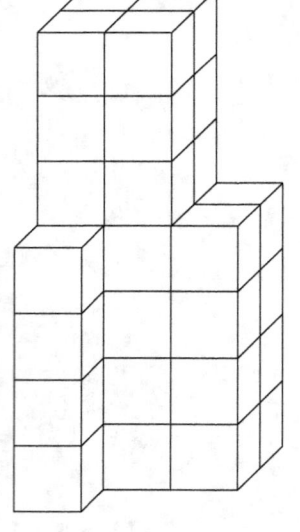

562)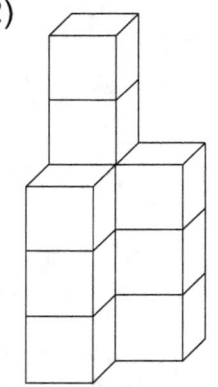

563)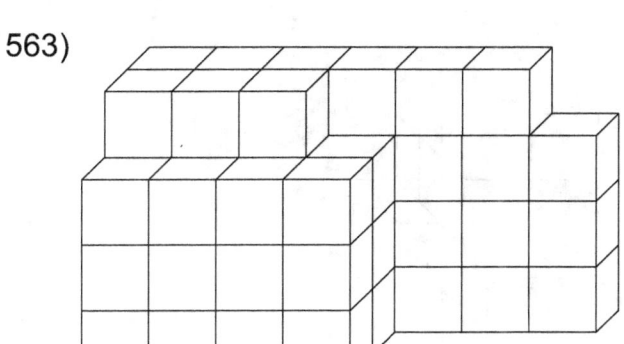

564)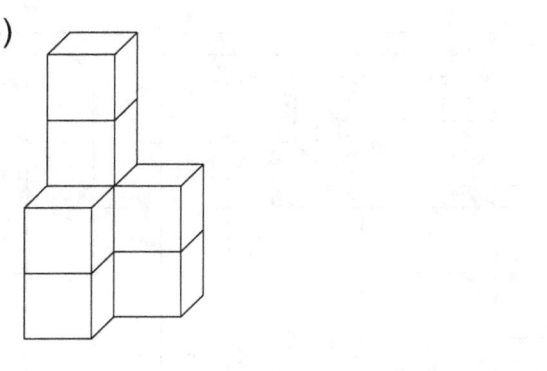

565)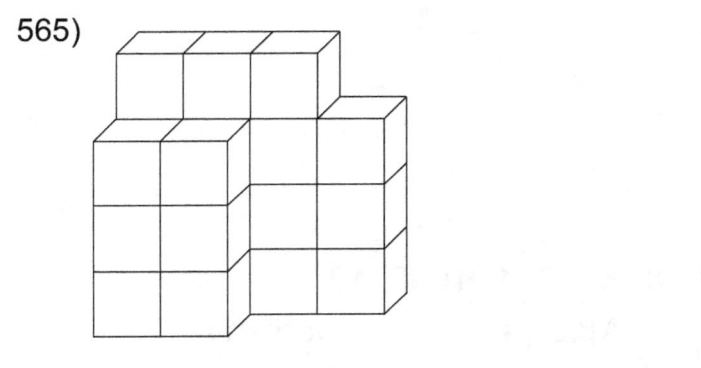

566)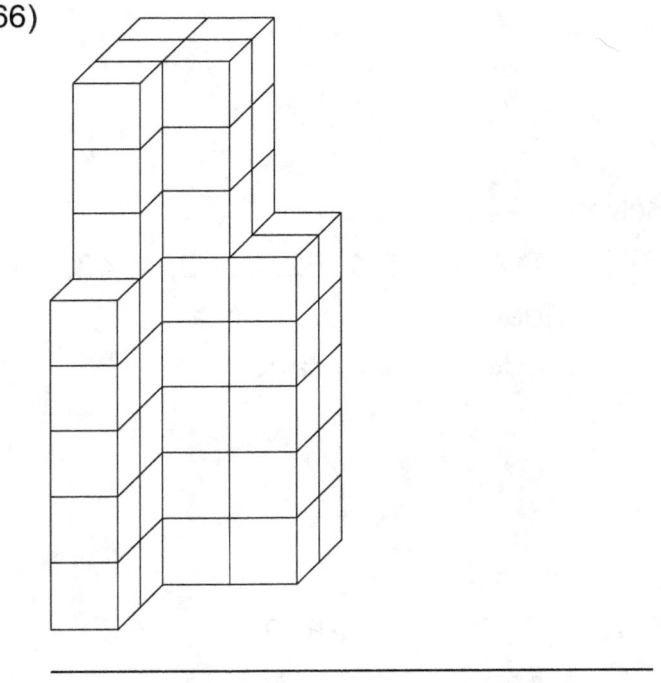

567)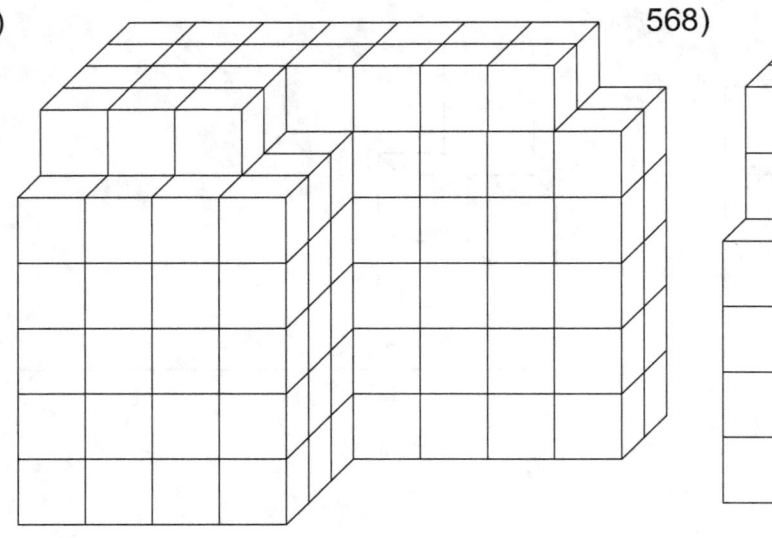

568)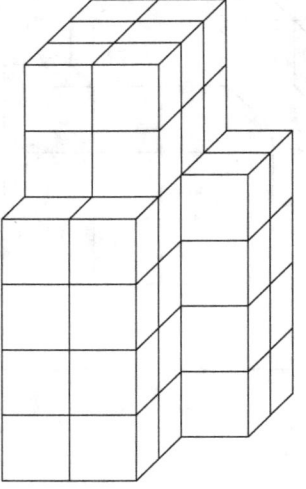

_____ _____

Solve.

569) 80, 7, 4, 19, 1, 52, 80, 5, 4, 48, 23, 73
    Mean =   Median =
    Mode =   Range =

570) 52, 2, 1, 15, 8, 19
    Mean =   Median =
    Mode =   Range =

571) 3, 7, 9, 44, 3, 88, 20
    Mean =   Median =
    Mode =   Range =

572) 96, 2, 4, 8, 6, 4, 40, 6, 8
    Mean =   Median =
    Mode =   Range =

© 2020 Moleem Education

573) 9, 9, 3, 9, 32, 2, 44, 4, 7, 20
Mean =   Median =
Mode =   Range =

574) 45, 52, 5, 12, 3, 7, 2, 99, 10, 27, 2, 91
Mean =   Median =
Mode =   Range =

575) 1, 8, 3, 5, 2, 6, 79, 73
Mean =   Median =
Mode =   Range =

576) 10, 36, 6, 4, 33, 2, 4, 6, 14
Mean =   Median =
Mode =   Range =

577) 1, 7, 17, 6, 95, 2, 2, 1, 1, 56
Mean =   Median =
Mode =   Range =

578) 87, 77, 8, 99, 6, 4, 9, 81, 9, 5, 6
Mean =   Median =
Mode =   Range =

579) 25, 4, 4, 1, 96, 1, 2, 7, 15, 1, 2, 75
Mean =   Median =
Mode =   Range =

580) 2, 4, 54, 17, 2, 75, 88, 44, 47, 22, 9
Mean =   Median =
Mode =   Range =

581) 63, 60, 1, 1, 8, 5, 1, 6, 5, 95
   Mean =   Median =
   Mode =   Range =

582) 20, 4, 6, 9, 7, 74, 2, 79, 27, 9, 30
   Mean =   Median =
   Mode =   Range =

Convert the values.

583) 19^2 = _____

584) 20^2 = _____

585) 14^2 = _____

586) 12^2 = _____

587) 9^2 = _____

588) 13^2 = _____

589) 1^2 = _____

590) 11^2 = _____

591) 10^2 = _____

592) 8^2 = _____

593) 3^2 = _____

594) 5^2 = _____

Find the magic number.

595)

25	18	32	
31		26	17
		21	
		19	

Magic Number:

596)

20		17	
21	9		
		19	
10	22		15

Magic Number:

597)

	25		22
29		30	15
	21		
	28	18	

Magic Number:

598)

		17	24
21			10
16			
18	23	12	

Magic Number:

599)

8	18		13
19		16	10
	12	17	

Magic Number:

600)

		27	
15			21
24	19		30
		18	23

Magic Number:

© 2020 Moleem Education

601)

	15	17	
		23	16
	22		19
	20		21

Magic Number:

602)

			18
26	17	31	24
21			
19		22	

Magic Number:

603)

			12
		25	15
24	18	11	21
19			

Magic Number:

604)

		19	12
20			18
15	24		
13		16	

Magic Number:

605)

29	24		18
15	22		28
		16	21

Magic Number:

606)

20		25	
13			19
	17		
27		18	21

Magic Number:

© 2020 Moleem Education

607)

18		13	16
			9
14	15	17	
			21

Magic Number:

608)

14	15		12
		6	20
	11		
		18	8

Magic Number:

609)

		23	
	15	22	18
13			24
16			21

Magic Number:

610)

14			
		13	12
9	16	19	
	21	10	

Magic Number:

611)

12		17	7
	15		10
		6	16
		11	

Magic Number:

612)

17			
23	16		
12			
14	21	11	20

Magic Number:

613)

	20	13	15
			12
16	14		9
			22

Magic Number: _____

614)

	11	13	6
			12
9	18		
7		10	

Magic Number: _____

Find the pattern.

615) 81, 76, 71, 66, 61, 56, 51, _____

616) 16, 24, 32, 40, 48, 56, 64, _____

617) 61, 57, 53, 49, 45, 41, 37, _____

618) 96, 95, 92, 87, 80, 71, 60, _____

619) 52, 57, 62, 67, 72, 77, 82, _____

620) 47, 57, 66, 74, 81, 87, 92, _____

621) 1, 2, 3, 6, 7, 14, 15, _____

622) 35, 42, 48, 53, 57, 60, 62, _____

623) 95, 86, 77, 68, 59, 50, 41, _____

624) 6, 12, 11, 22, 21, 42, 41, _____

625) 67, 64, 61, 58, 55, 52, 49, _____

626) 41, 47, 54, 62, 71, 81, 92, _____

627) 25, 33, 41, 50, 58, 68, 76, _____

© 2020 Moleem Education

628) 91, 84, 77, 70, 63, 56, 49, _____

629) 50, 54, 53, 57, 56, 60, 59, _____

630) 40, 35, 40, 34, 39, 32, 37, _____

Find the secret trail.

631)

72	86	22	43
11	30	93	44
13	75	19	90
(16)	88	71	42

+ (311)

632)

36	90	97	32
76	40	91	36
100	75	66	56
(87)	84	30	91

+ (565)

633)

92	31	47	72
(28)	59	95	99
79	30	73	13
29	67	64	25

+ (441)

634)

(35)	48	22	57
97	55	31	17
11	56	37	89
27	92	89	99

+ (468)

635)

97	49	96	57
17	41	12	33
97	20	28	32
(81)	18	12	40

+ (498)

636)

59	83	79	15
96	76	25	65
(27)	12	68	20
62	38	84	14

+ (406)

637)

(71)	24	30	52
27	16	20	33
10	45	13	85
31	47	34	58

+ (294)

638)

(43)	16	30	49
11	74	80	93
91	38	44	23
44	82	44	28

+ (427)

639)

48	88	20	45
(41)	76	69	83
95	41	21	81
97	65	43	63

+ (419)

640)

(96)	78	85	37
69	51	50	60
37	79	76	20
66	63	69	67

+ (594)

641)

100	47	48	96
(11)	40	62	66
16	42	68	21
94	73	10	60

+ (404)

642)

86	67	43	79
79	47	70	86
(14)	97	93	73
38	78	52	24

+ (513)

Calculate the given percent of each value.

643) 10% of 8 = _____ 644) 25% of 900 = _____ 645) 4% of 90 = _____

646) 5% of 600 = _____ 647) 2% of 600 = _____ 648) 6% of 900 = _____

649) 7% of 400 = _____   650) 9% of 200 = _____   651) 15% of 60 = _____

652) 1% of 7 = _____   653) 8% of 50 = _____   654) 3% of 40 = _____

655) 2% of 90 = _____   656) 20% of 700 = _____   657) 5% of 300 = _____

658) 4% of 2 = _____   659) 8% of 2 = _____   660) 3% of 9 = _____

661) 7% of 200 = _____   662) 25% of 40 = _____   663) 9% of 90 = _____

Provide the conversions for each ratio.

664)

	Ratio	Fraction	Percent	Decimal
a.		6/9		
b.				1
c.			33.3%	
d.				0.333
e.		2/4		
f.		4/7		
g.			10%	
h.			77.8%	
i.		2/10		
j.		1/9		
k.	3:7			
l.				0.6
m.				0.75
n.			25%	
o.			14.3%	

665)

	Ratio	Fraction	Percent	Decimal
a.			33.3%	
b.	1:1			
c.			87.5%	
d.				0.125
e.				0.625
f.			25%	
g.		6/8		
h.	4:5			
i.			28.6%	
j.				0.2
k.	3:10			
l.		5/7		
m.	6:9			
n.			50%	
o.	7:9			

666)

	Ratio	Fraction	Percent	Decimal
a.				0.8
b.				0.2
c.			100%	
d.		3/8		
e.				0.778
f.	2:3			
g.		2/4		
h.			50%	
i.				0.75
j.	1:6			
k.			55.6%	
l.		7/8		
m.			60%	
n.			66.7%	
o.			33.3%	

667)

	Ratio	Fraction	Percent	Decimal
a.		2/3		
b.		8/10		
c.				1
d.			40%	
e.		3/5		
f.				0.8
g.				0.167
h.	2:5			
i.				0.286
j.				0.75
k.	4:8			
l.				0.333
m.			70%	
n.			57.1%	
o.		5/9		

668)

	Ratio	Fraction	Percent	Decimal
a.			50%	
b.			11.1%	
c.	1:1			
d.	1:2			
e.				0.429
f.		6/9		
g.			50%	
h.		8/10		
i.		6/8		
j.			87.5%	
k.		1/10		
l.	2:10			
m.		1/4		
n.		1/6		
o.			33.3%	

669)

	Ratio	Fraction	Percent	Decimal
a.				0.833
b.		3/10		
c.		2/6		
d.	5:7			
e.		1/2		
f.				1
g.			66.7%	
h.		3/4		
i.				0.429
j.		8/9		
k.			16.7%	
l.				0.6
m.	6:7			
n.				0.5
o.		2/9		

© 2020 Moleem Education

670)

	Ratio	Fraction	Percent	Decimal
a.				1
b.				0.8
c.	4:6			
d.	4:5			
e.		5/7		
f.			60%	
g.		2/3		
h.				0.3
i.	3:6			
j.				0.4
k.				0.5
l.	3:4			
m.	2:10			
n.	1:5			
o.			33.3%	

671)

	Ratio	Fraction	Percent	Decimal
a.		3/7		
b.		1/5		
c.			33.3%	
d.			100%	
e.	2:5			
f.			50%	
g.		5/7		
h.				0.5
i.		6/10		
j.				0.667
k.			14.3%	
l.		6/9		
m.				0.375
n.			66.7%	
o.			11.1%	

672)

	Ratio	Fraction	Percent	Decimal
a.			66.7%	
b.				1
c.				0.333
d.	1:2			
e.	1:5			
f.			88.9%	
g.	5:6			
h.	6:7			
i.	4:5			
j.			25%	
k.	1:10			
l.				0.571
m.	2:7			
n.				0.4
o.				0.25

673)

	Ratio	Fraction	Percent	Decimal
a.		2/2		
b.			66.7%	
c.		1/2		
d.				0.5
e.			37.5%	
f.				0.25
g.				0.5
h.	8:10			
i.				0.333
j.		4/8		
k.		2/4		
l.			85.7%	
m.				0.286
n.				0.222
o.		4/7		

Add the numbers in the second part of the circle to the main number in the first part and record your answers in the third part of the circle

674)

675)

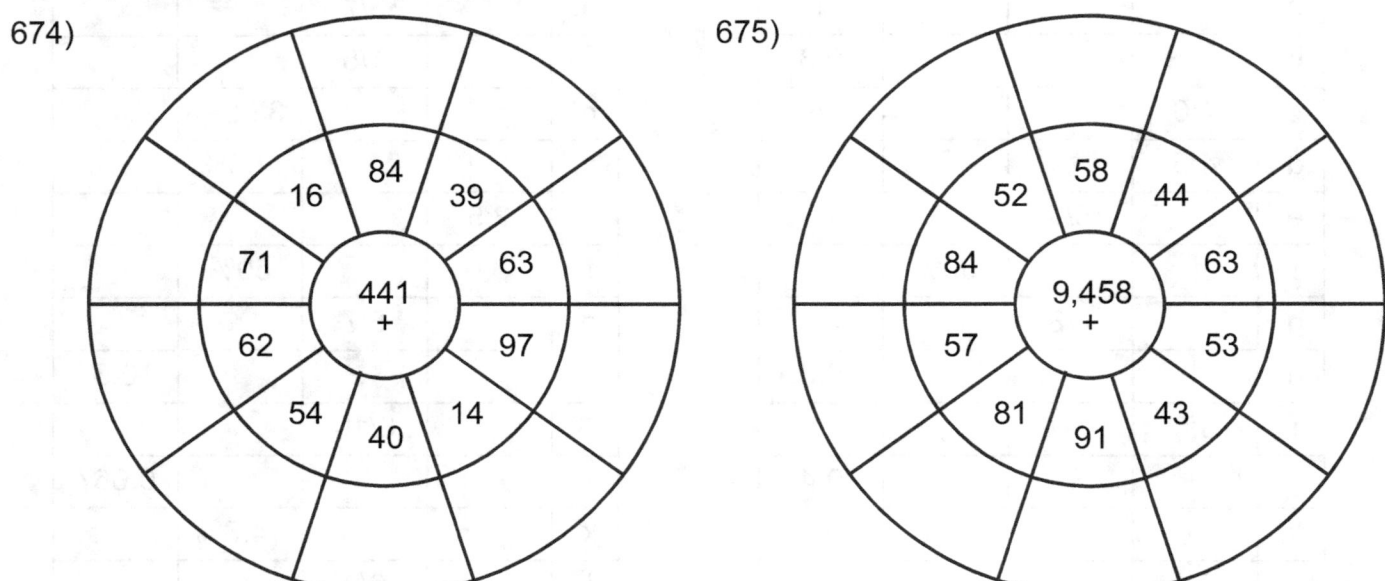

676)

677)

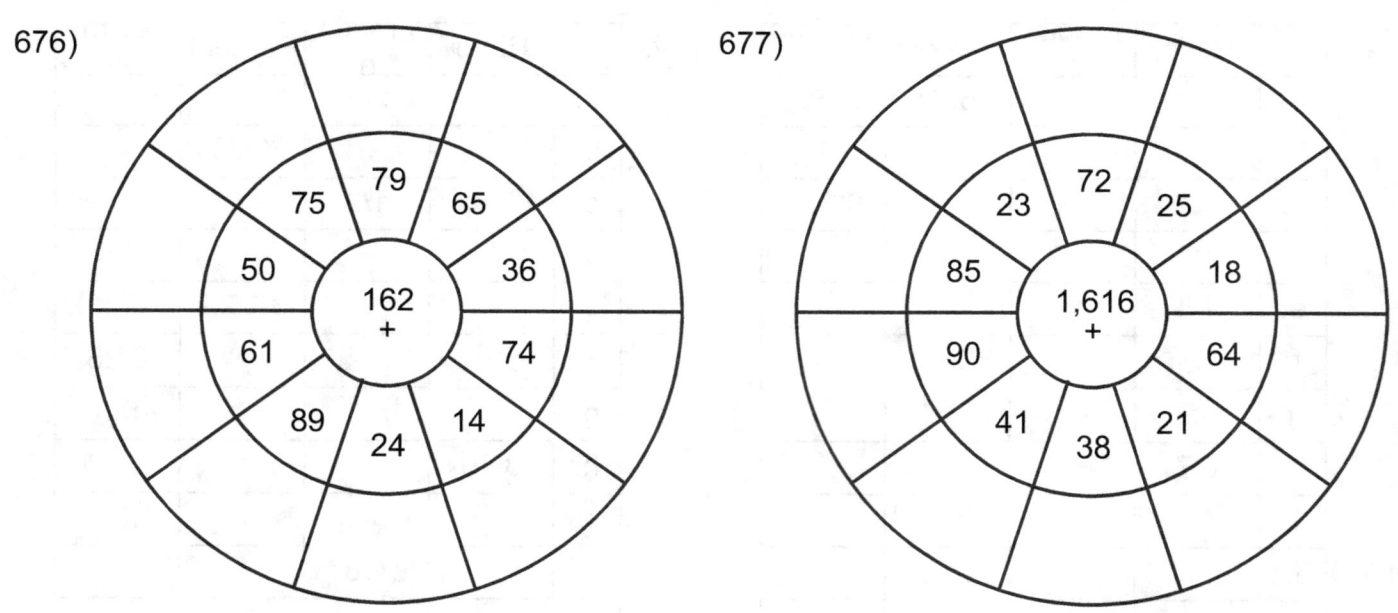

678)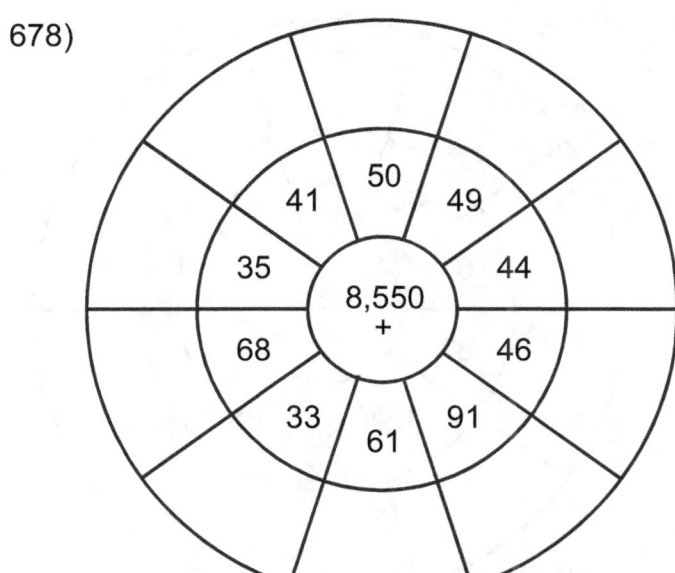

679)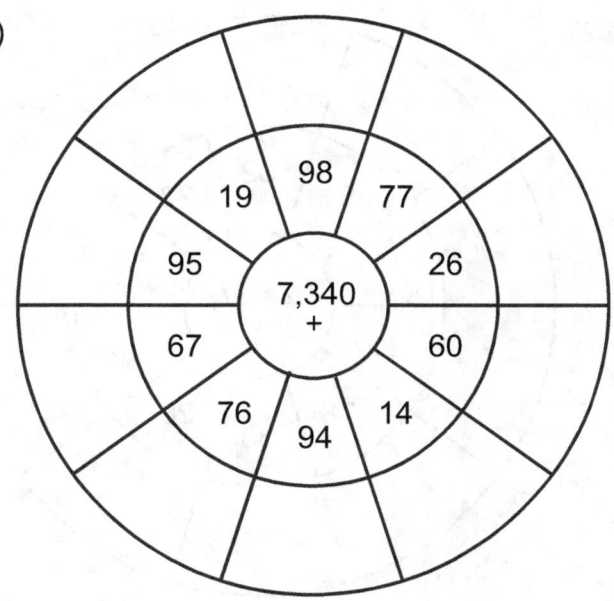

680)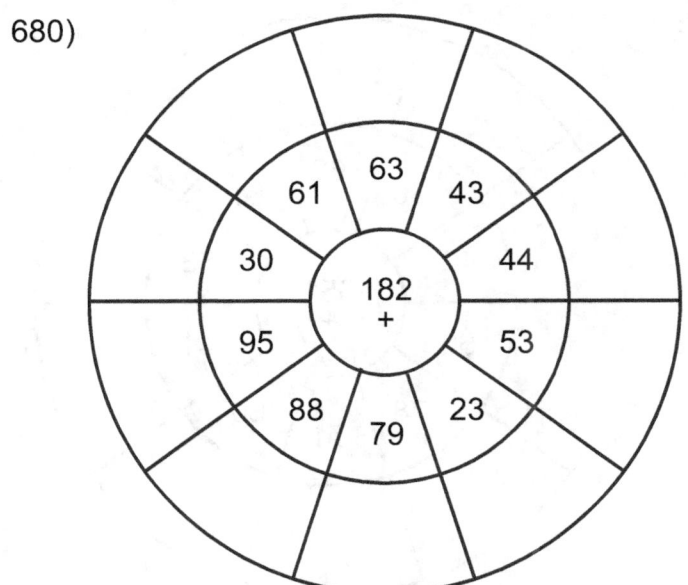

681)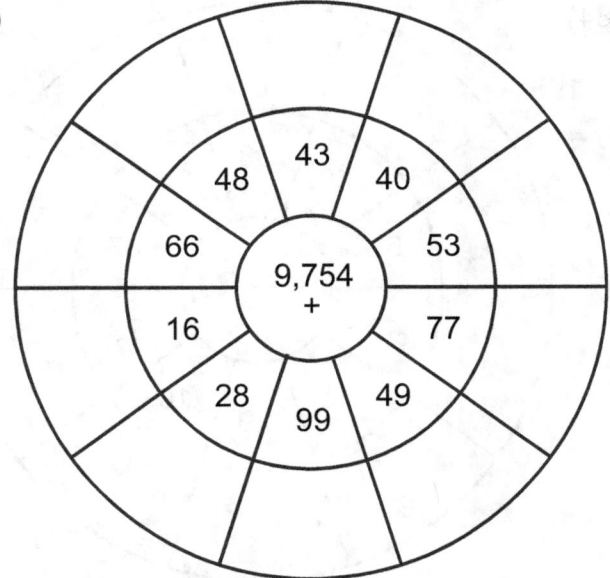

682)

683)

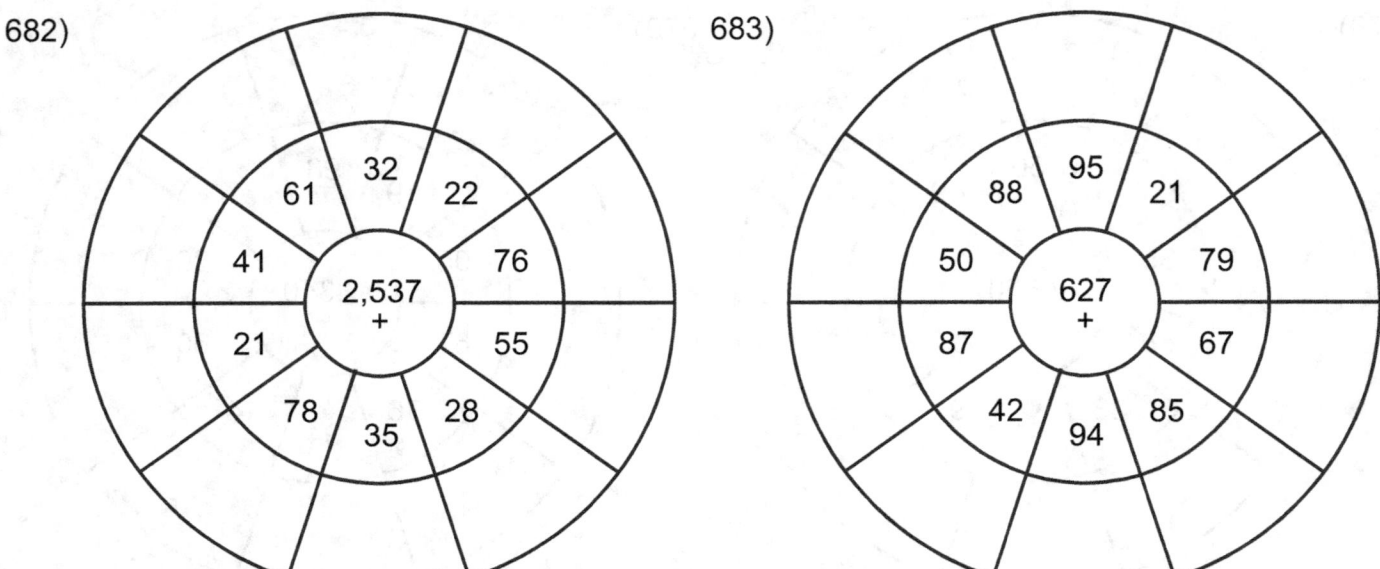

684)

685)

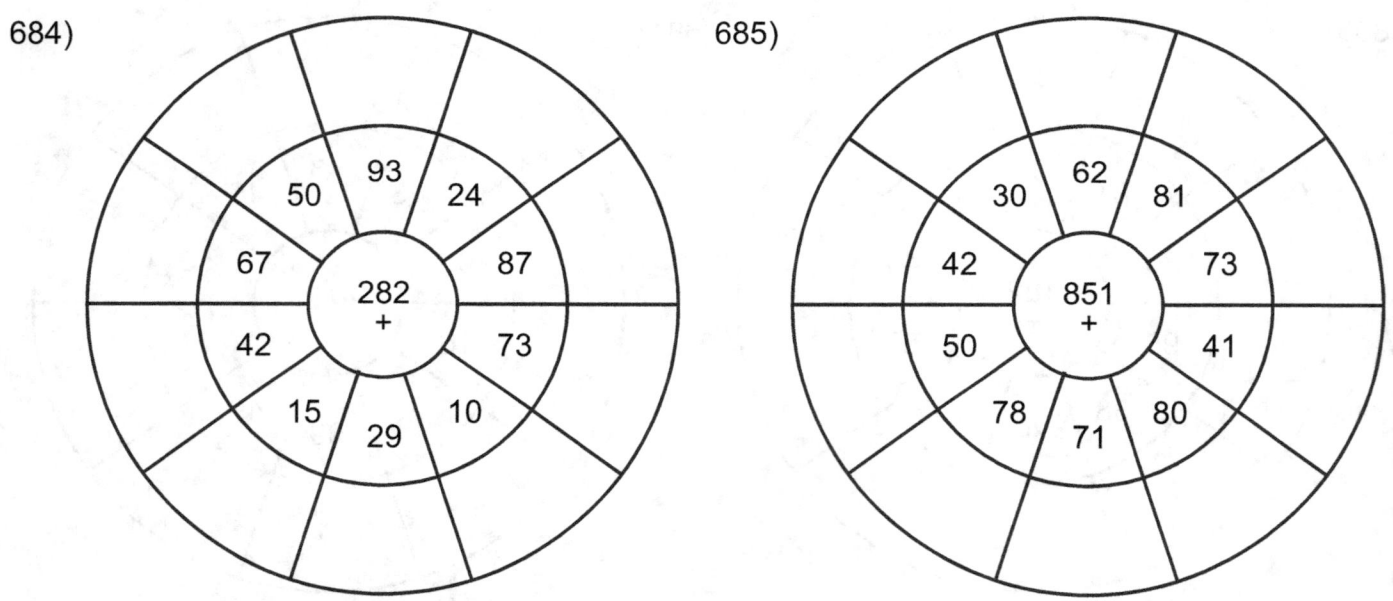

686)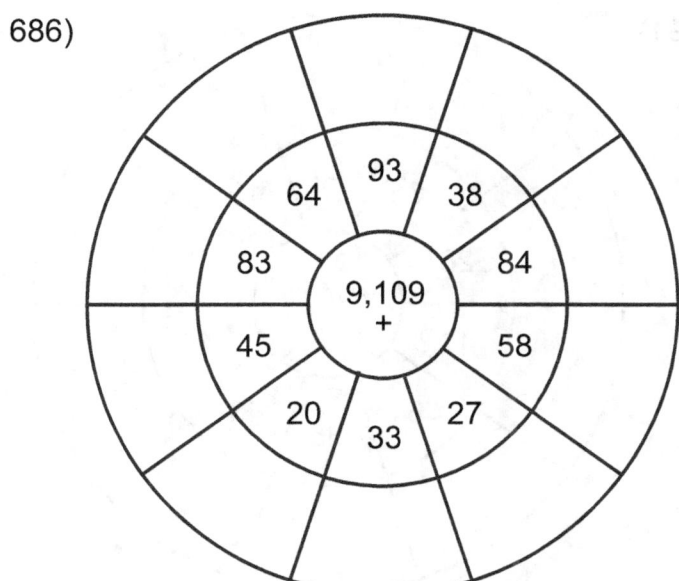

687)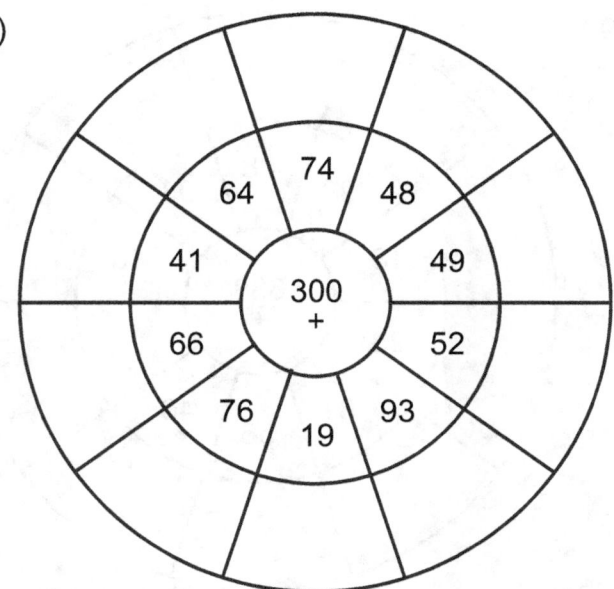

688)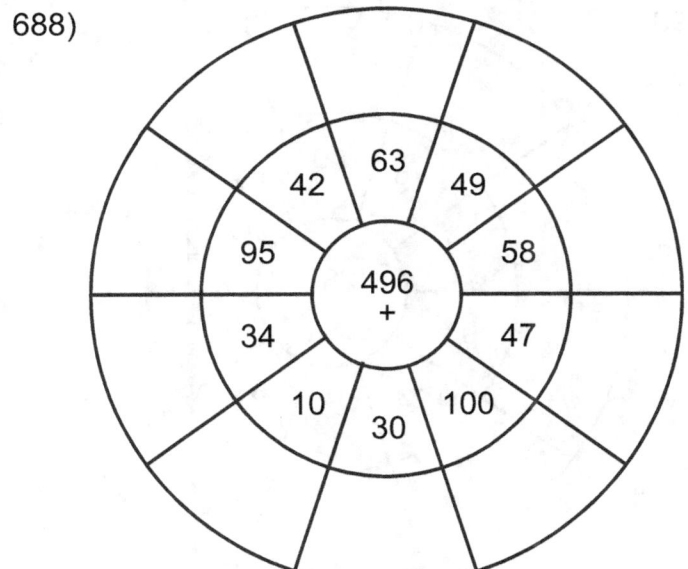

689)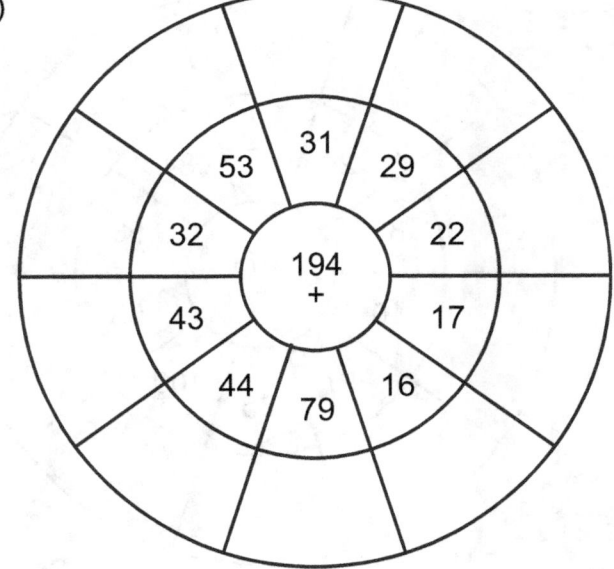

690)
691)

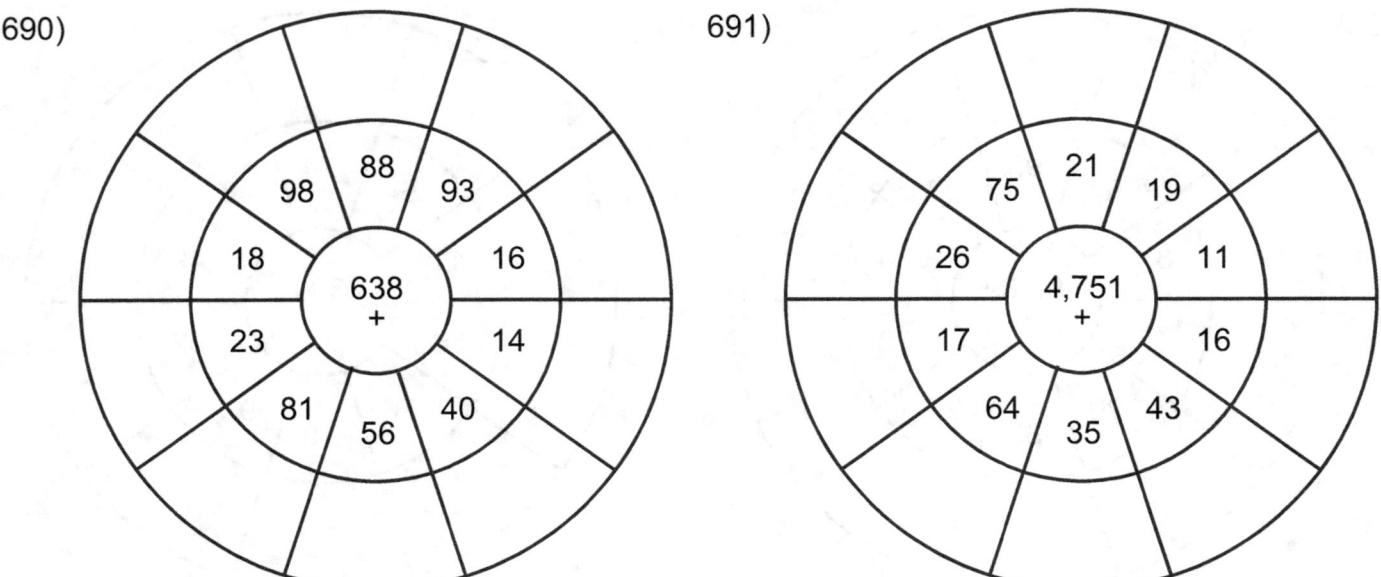

692)
693)

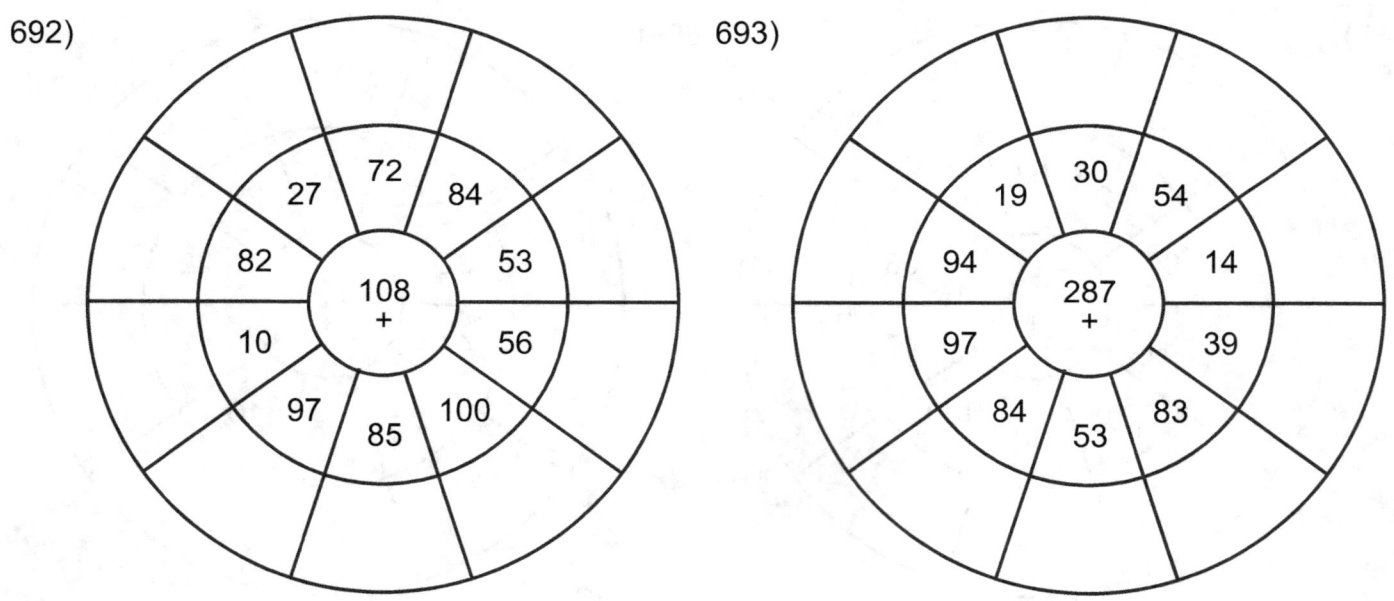

Convert the given measures of time to alternate measures of time.

694) 365 dy = _____

695) 14 yr = _____

696) 52 wk = _____

697) 16 wk = _____

698) 8,760 hr = _____

699) 15 yr = _____

700) 1,440 min = _____

701) 31,536,000 sec = _____

702) 10,080 min = _____

703) 7 dy = _____

704) 15 hr = _____

705) 525,600 min = _____

706) 3,600 sec = _____

707) 19 hr = _____

708) 11 min = _____

709) 60 min = _____

710) 17 dy = _____

711) 24 hr = _____

712) 60 sec = _____

713) 14 yr = _____

© 2020 Moleem Education

Complete the table.

714)

−	762	862	833	294	466
162					
326					
512					
887					
966					

715)

−	403	471	558	571	292
116					
456					
465					
775					
913					

716)

−	286	847	981	272	787
60					
69					
104					
143					
556					

717)

−	204	890	529	803	898
337					
356					
387					
408					
417					

718)

−	452	234	371	579	811
53					
220					
272					
372					
958					

719)

−	660	618	861	741	654
502					
567					
879					
904					
914					

720)

−	820	825	414	273	965
508					
670					
752					
877					
941					

721)

−	136	109	501	731	334
53					
406					
455					
481					
826					

722)

−	342	25	772	833	408
30					
151					
582					
786					
983					

723)

−	533	772	855	517	572
100					
302					
610					
623					
818					

724)

−	27	472	389	499	151
119					
132					
411					
557					
598					

725)

−	438	478	121	678	572
54					
384					
576					
803					
863					

726)

−	484	163	605	689	355
160					
247					
359					
704					
982					

727)

−	241	387	798	161	810
277					
633					
689					
845					
868					

728)

−	468	898	381	557	554
57					
178					
657					
765					
945					

729)

−	573	250	243	233	824
146					
696					
784					
863					
866					

© 2020 Moleem Education

730)

−	317	144	972	709	370
52					
676					
699					
867					
959					

731)

−	178	779	888	27	921
49					
137					
293					
582					
779					

732)

−	704	77	47	400	143
146					
330					
570					
945					
991					

733)

−	12	936	139	905	539
189					
328					
499					
669					
925					

Complete the table.

734)

×	860	868	419	55	940
30					
41					
40					
1					
74					

735)

×	298	826	715	929	830
13					
25					
87					
11					
63					

736)

×	45	450	106	490	153
94					
87					
73					
40					
19					

737)

×	252	749	363	825	223
29					
68					
42					
37					
18					

738)

×	470	837	809	170	718
74					
84					
68					
29					
76					

739)

×	864	921	74	987	208
41					
76					
92					
90					
99					

740)

×	425	672	999	823	487
55					
46					
89					
70					
44					

741)

×	827	502	930	158	208
64					
93					
77					
41					
10					

742)

✕	187	452	642	319	330
67					
38					
62					
81					
52					

743)

✕	755	520	380	747	798
83					
98					
68					
17					
28					

744)

✕	957	978	737	319	38
42					
15					
83					
1					
77					

745)

✕	826	158	489	891	239
22					
36					
50					
16					
87					

Complete the table.

746)

÷	4	9	3	6	2
7					
8					
6					
4					
5					

747)

÷	5	7	6	9	4
3					
2					
7					
9					
6					

748)

÷	4	6	7	1	9
1					
9					
6					
7					
8					

749)

÷	9	4	2	7	3
2					
6					
8					
1					
7					

© 2020 Moleem Education

750)

÷	6	1	9	2	8
9					
7					
8					
1					
4					

751)

÷	9	2	7	8	5
3					
7					
5					
4					
2					

752)

÷	6	8	7	9	5
6					
4					
9					
5					
1					

753)

÷	9	1	8	6	3
4					
2					
1					
5					
7					

754)

÷	4	7	2	8	6
4					
7					
8					
9					
5					

755)

÷	2	4	9	7	3
8					
4					
5					
7					
2					

756)

÷	3	2	8	7	4
6					
4					
1					
3					
9					

757)

÷	5	3	4	8	9
4					
5					
8					
9					
1					

758)

÷	1	8	6	4	7
2					
9					
3					
4					
7					

759)

÷	8	3	1	4	6
2					
1					
4					
3					
7					

760)

÷	4	9	3	6	7
5					
9					
3					
6					
1					

761)

÷	8	7	1	4	6
4					
1					
7					
5					
3					

762)

÷	4	2	7	9	5
2					
9					
4					
7					
6					

Draw the clock hands to show the passage of time.

763)

What time was it 9 hours 52 minutes 5 seconds ago?

764)

What time will it be in 11 hours 56 minutes 59 seconds?

765)

What time will it be in 11 hours 55 minutes 21 seconds?

766)

What time will it be in 4 hours 18 minutes 16 seconds?

767)

What time was it 7 hours 26 minutes 5 seconds ago?

768)

What time will it be in 6 hours 29 minutes 45 seconds?

769)

What time will it be in 7 hours 15 minutes 36 seconds?

770)

What time was it 1 hour 21 minutes 13 seconds ago?

771)

What time will it be in 4 hours 29 minutes 34 seconds?

772)

What time will it be in 11 hours 23 minutes 30 seconds?

773)

What time was it 1 hour 26 minutes 25 seconds ago?

774)

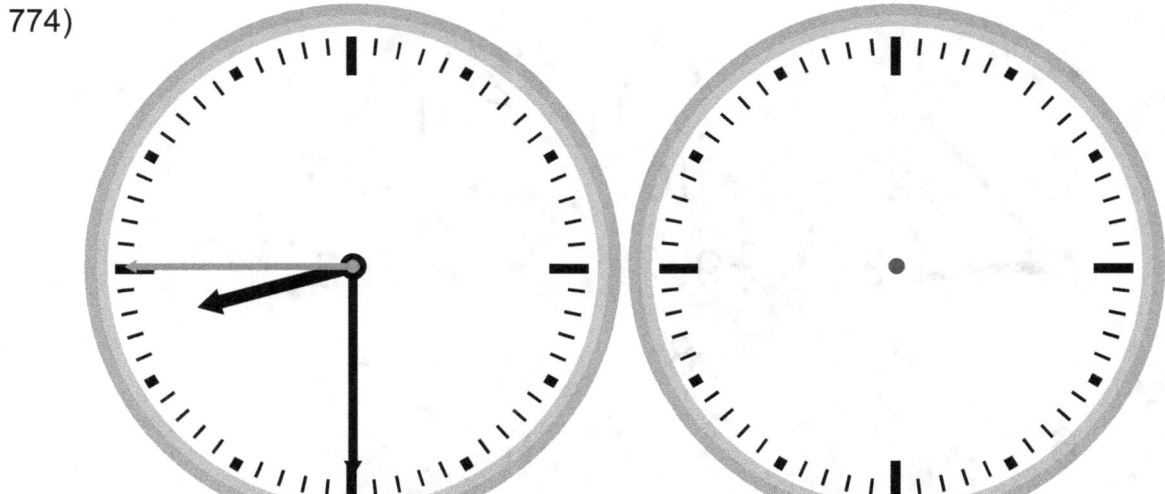

What time was it 4 hours 40 minutes 3 seconds ago?

775)

What time was it 6 hours 31 minutes 5 seconds ago?

776)

What time was it 2 hours 13 minutes 0 seconds ago?

777)

What time was it 8 hours 38 minutes 51 seconds ago?

778)

What time was it 3 hours 59 minutes 54 seconds ago?

779)

What time will it be in 2 hours 56 minutes 48 seconds?

780)

What time was it 9 hours 27 minutes 51 seconds ago?

781)

What time will it be in 10 hours 58 minutes 13 seconds?

782)

What time will it be in 4 hours 38 minutes 1 second?

Find the greatest common factor.

783) 46 _____ ___
      74 _____

784) 75 _____ ___
      55 _____

785) 10 _____ ___
    90 _____

786) 28 _____ ___
    84 _____

787) 78 _____ ___
    46 _____

788) 42 _____ ___
    49 _____

789) 8 _____ ___
    92 _____

790) 87 _____ ___
     69 _____

791) 25 _____ ___
     70 _____

792) 42 _____ ___
     30 _____

793) 80 _____ ___
     50 _____

794) 6 _____ ___
     72 _____

© 2020 Moleem Education

795) 54
     78

796) 93
     78

797) 54
     60

798) 50
     5

799) 5
     35

800) 63 _____ ___
     77 _____

801) 33 _____ ___
     22 _____

802) 15 _____ ___
     40 _____

Work our the following questions.

803) _____ $2 \times 1000 + 7 \times 100 + 4 \times 10 + 8 \times 1$

804) _____ $6 \times 1000 + 6 \times 10 + 6 \times 1$

805) _____ $6 \times 1000 + 5 \times 100 + 8 \times 10 + 2 \times 1$

806) _____ 7 × 1000 + 8 × 10

807) _____ 4 × 1000 + 9 × 100 + 3 × 10 + 7 × 1

808) _____ 7 × 1000 + 6 × 100 + 6 × 1

809) _____ 5 × 1000 + 8 × 100 + 1 × 10 + 7 × 1

810) _____ 4 × 1000 + 7 × 100 + 3 × 10 + 6 × 1

811) _____ 3 × 1000 + 4 × 100 + 4 × 1

812) _____ 2 × 1000 + 1 × 100 + 3 × 10 + 3 × 1

List the factors for each number.

813) 990 _____ 814) 30 _____

815) 582 _____   816) 114 _____

817) 5 _____   818) 6 _____

819) 252 _____   820) 67 _____

821) 9 _____   822) 4 _____

823) 134 _____   824) 604 _____

825) 83 _____   826) 809 _____

© 2020 Moleem Education

827) 72 _____ 828) 759 _____

829) 429 _____ 830) 543 _____

831) 820 _____ 832) 7 _____

Find the lowest common multiple.

833) 59 _____ _____
      43 _____
         _____

834) 105 _____ _____
       6 _____
         _____

835) 106 _____ _____
      87 _____
         _____

836) 105 + 116 = _____

837) 6 + 115 = _____

838) 8 + 31 = _____

839) 114 + 3 = _____

840) 116 + 11 = _____

841) 9 + 3 = _____

842)   107 _____   _____
       115 _____
            _____

843)   68 _____   _____
       112 _____
            _____

844)   5 _____   _____
       104 _____
            _____

845)   41 _____   _____
        71 _____
            _____

846)   4 _____   _____
         6 _____

847)   4 _____   _____
        98 _____

List the multiples for each number.

848) 81 _____

849) 42 _____

850) 46 _____

851) 99 _____

852) 53 _____

853) 38 _____

854) 52 _____

855) 28 _____

856) 26 _____

857) 27 _____

858) 86 _____

859) 90 _____

860) 44 _____

861) 29 _____

862) 92 _____

863) 14 _____

864) 50 _____ 865) 47 _____

866) 24 _____ 867) 68 _____

Order the numbers from least to greatest.

868) 711 _____   869) 239 _____   870) 618 _____
    4,974 _____   850 _____   462 _____
      564 _____   248 _____   4,617 _____
                               256 _____

871)   844 _____   872) 9,164 _____ 873)   308 _____
       626 _____   1,463 _____   735 _____
     3,238 _____   539 _____   1,229 _____
     1,124 _____   371 _____   475 _____
       819 _____
     5,379 _____

874) 1,608 _____   875) 4,038 _____ 876)   416 _____
     1,899 _____   2,950 _____   2,208 _____
     7,006 _____   940 _____   246 _____
       119 _____   1,463 _____
       906 _____   1,363 _____
     2,044 _____   326 _____

© 2020 Moleem Education

877) 5,473 _____
    8,665 _____
      211 _____
      664 _____
    1,545 _____

878) 7,964 _____
    5,020 _____

879)   364 _____
       722 _____
     2,736 _____

880)   772 _____
     8,866 _____
     6,941 _____
       644 _____
       687 _____

881) 4,297 _____
     3,093 _____
       547 _____

882)   130 _____
       566 _____
       828 _____
       446 _____
     1,053 _____

883) 6,508 _____
     7,286 _____
     1,949 _____
       984 _____
     8,378 _____
     9,230 _____

884)   410 _____
       485 _____
     2,169 _____

885)   220 _____
     4,014 _____
       997 _____
     4,440 _____

886)   163 _____
       513 _____
     2,749 _____

887)   668 _____
       457 _____
     4,683 _____
       788 _____
     8,781 _____
       558 _____

888) 4,717 _____
     9,884 _____

© 2020 Moleem Education

Determine the place value of the underlined digit.

889) 6,7_5_0 = _____ 890) _7_ = _____ 891) _7_35 = _____

892) 79_6_ = _____ 893) _3_10 = _____ 894) 7_0_ = _____

895) _5_9 = _____ 896) 5,_3_97 = _____ 897) 54_2_ = _____

898) _9_,469 = _____ 899) 2,55_9_ = _____ 900) 54_1_ = _____

901) _3_ = _____ 902) 89_8_ = _____ 903) _3_,648 = _____

904) 5,_7_67 = _____ 905) _2_1 = _____ 906) _7_,797 = _____

907) _6_ = _____ 908) 3_3_4 = _____ 909) _5_,494 = _____

List the prime factors for each number. Is the number prime?

910) 68 = _____   911) 4 = _____   912) 1 = _____

913) 6 = _____   914) 27 = _____   915) 82 = _____

916) 69 = _____   917) 7 = _____   918) 29 = _____

919) 5 = _____   920) 2 = _____   921) 18 = _____

922) 8 = _____   923) 79 = _____   924) 44 = _____

925) 3 = _____   926) 74 = _____   927) 73 = _____

928) 16 = _____   929) 81 = _____   930) 65 = _____

© 2020 Moleem Education

Round to the underlined digit.

931) 9̲,866 = _____ 932) 8,62̲6 = _____ 933) 8,70̲5 = _____ 934) 5,6̲66 = _____

935) 6,8̲97 = _____ 936) 5,3̲82 = _____ 937) 1,4̲42 = _____ 938) 4̲,605 = _____

939) 5,12̲6 = _____ 940) 8,64̲3 = _____ 941) 5,9̲91 = _____ 942) 9,7̲52 = _____

943) 5̲,346 = _____ 944) 7̲,123 = _____ 945) 8,6̲59 = _____ 946) 8,96̲3 = _____

947) 2̲,981 = _____ 948) 4̲,181 = _____ 949) 2,25̲0 = _____ 950) 4,8̲31 = _____

Complete the counting tables.

951) Count by 99 from 1 to 1387

952) Count by 54 from 8 to 764

953) Count by 3 from 7 to 49

954) Count by 17 from 9 to 247

955) Count by 15 from 4 to 214

956) Count by 27 from 1 to 379

957) Count by 43 from 7 to 609

958) Count by 60 from 1 to 841

959) Count by 33 from 4 to 466

960) Count by 98 from 5 to 1377

961) Count by 70 from 3 to 983

962) Count by 6 from 3 to 87

963) Count by 12 from 5 to 173

964) Count by 18 from 8 to 260

965) Count by 81 from 2 to 1136

966) Count by 41 from 6 to 580

967) Count by 26 from 3 to 367

968) Count by 51 from 8 to 722

969) Count by 86 from 5 to 1209

970) Count by 46 from 7 to 651

Fill in the missing numbers.

971) | | 20 | | | 40 | | 55 | | | | | | | |

972) | | 425 | | | | 455 | 465 | | | | | | |

973) | | | 435 | | | 410 | 400 | | | | | |

974) | | | | | 225 | 215 | | | 195 | | |

975) | | | | 450 | | | | 480 | | | 500 | |

976) | | | | | | | | 15 | | 5 | | | -10 | |

| 977) | | | 385 | | 375 | | | | | | | | | | | 320 |

| 978) | | | 200 | 205 | | 215 | | | | | | | | |

| 979) | | 225 | | | 240 | | | | | 270 | | | | |

| 980) | | | | | 205 | | | 190 | | | 175 | | | | |

| 981) | 215 | | | | | | | | | | | 160 | 155 | | | |

| 982) | 55 | | | | | 80 | | | | | 110 | | | | |

| 983) | | | | | | | 470 | | | | | 495 | | 505 | |

984)

		360			375									420

985)

			195	190		180								

986)

	465						495		505					

987)

320	325					350								

988)

			330	335						365				

989)

		370		360									310	

990)

						230			215					190

© 2020 Moleem Education

Fill in the missing numbers.

991) _____ 3,617

992) 168 ____

993) 1,581 _____ 1,583

994) _____ 2,533 _____

995) 480 ____

996) ____ 653 ____

997) 173 ____ 175

998) ____ 740 ____

999) ____ 568

1000) 9,494 _____ 9,496

1001) 6,507 _____ 6,509

1002) 9,058 _____

1003) ____ 384

1004) _____ 5,327 _____

1005) 2,703 _____ 2,705

1006) ____ 633

1007) ____ 317

1008) 1,505 _____ 1,507

1009) _____ 5,911 _____

1010) _____ 9,589 _____

1011) 7,435 _____

Identify where each set of points should be placed on the number lines below.

1012) 0.2   0.9   0.7   1.8   0.4   1.6   1.1   1.4

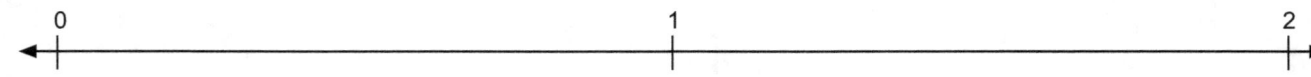

1013) 0.9   1.2   1.9   0.2   1.7   0.4   0.7   1.5

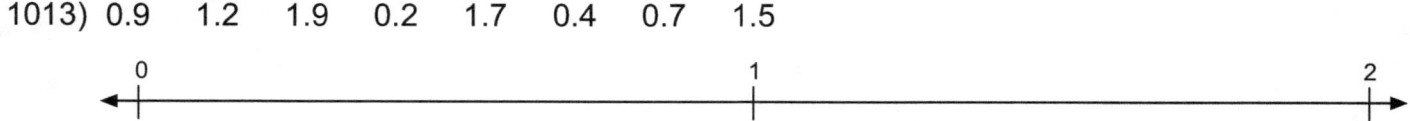

1014) 0.3   1.6   0.1   0.7   1.2   1.4   0.9   1.8   0.5

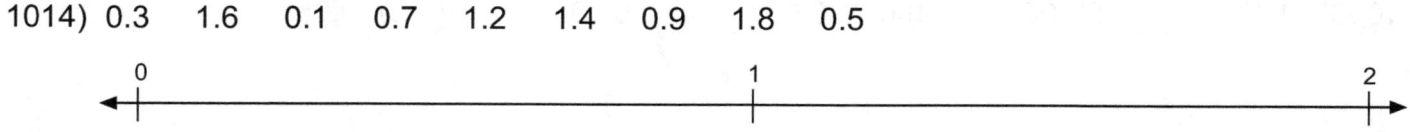

1015) 1.5   0.7   0.4   1.1   0.1   1.8   0.9   1.3

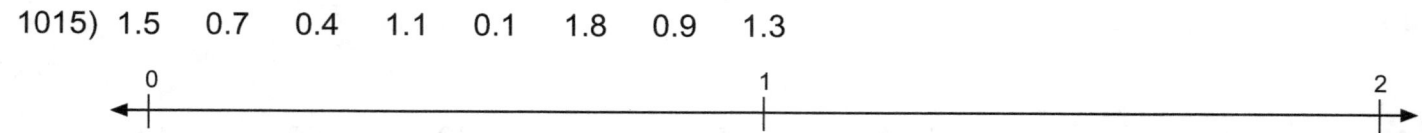

1016) 0.2   0.6   1.8   0.9   0.4   1.2   1.5

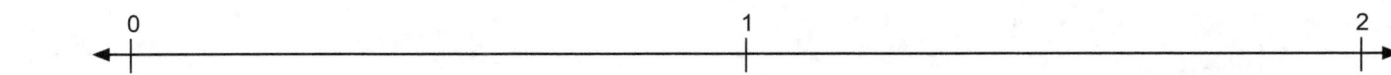

1017) 0.3   1.4   1.2   1.6   0.6   0.1   0.9   1.9

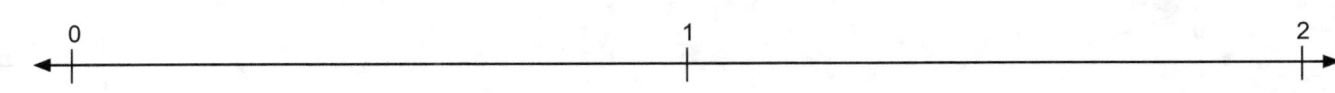

1018) 0.3   1.5   1.8   0.1   0.8   1.1   1.3   0.5

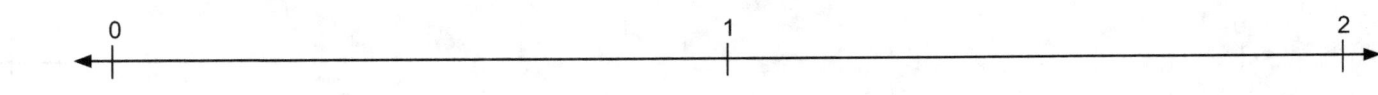

1019) 0.4   0.1   0.6   1.8   1.2   0.8   1.5

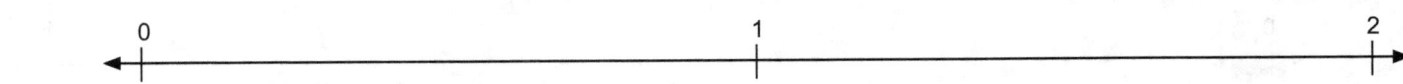

1020) 1.2   0.8   0.1   0.5   0.3   1.8   1.5

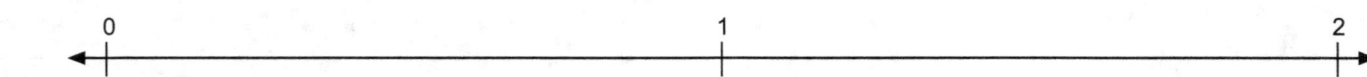

1021) 0.5   0.3   0.1   1.4   1.8   1.6   0.7   1.1   0.9

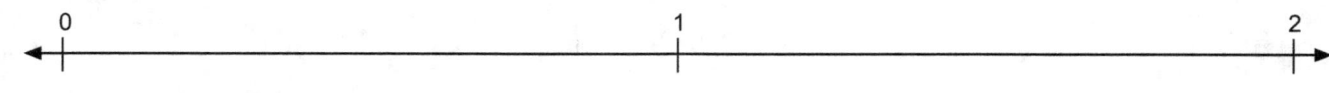

1022) 0.9   1.3   0.5   1.7   0.7   1.1   1.9   1.5   0.2

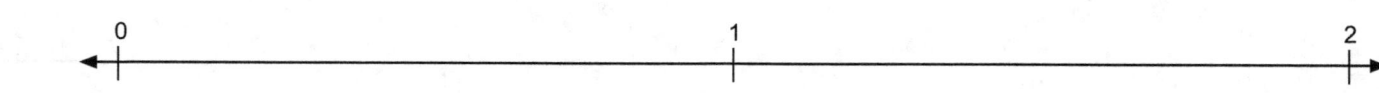

1023) 1.7   0.2   1.4   1.9   0.9   0.7   1.2   0.5

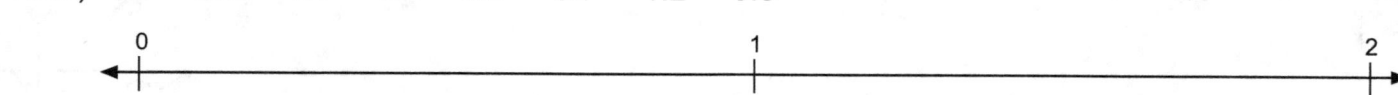

1024) 0.5   1.9   0.9   0.1   0.3   1.4   1.6   1.2   0.7

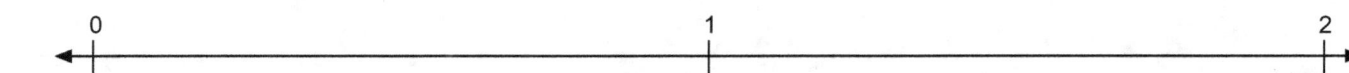

1025) 0.9   1.2   0.4   1.5   0.2   1.8   0.7

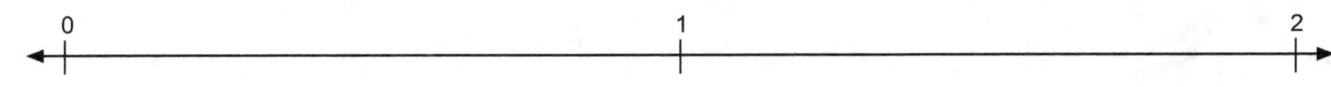

1026) 0.1   0.3   0.8   1.1   0.6   1.3   1.8   1.5

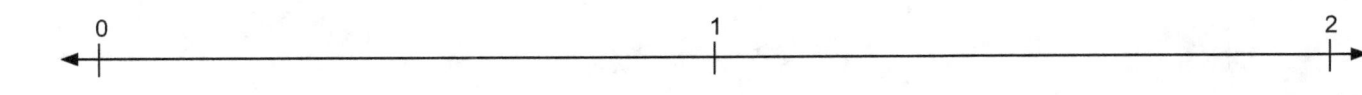

1027) 0.1   0.9   1.3   0.7   0.5   1.1   1.7   0.3   1.9   1.5

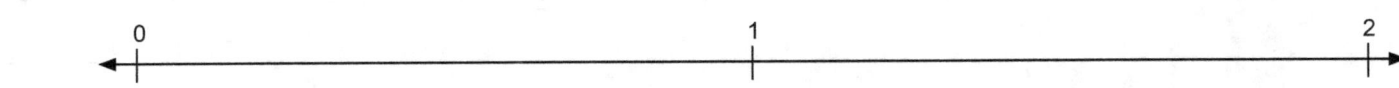

1028) 1.4   0.9   0.1   0.3   1.6   1.9   0.5   0.7   1.1

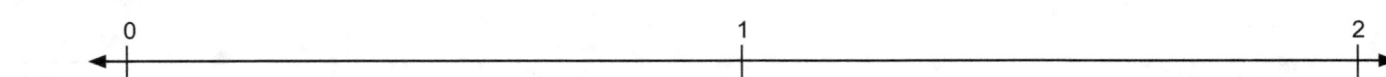

1029) 1.9   1.3   0.1   0.6   1.6   0.3   1.1   0.9

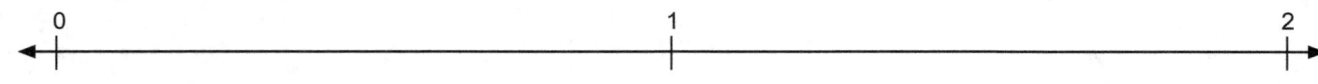

1030) 0.1   1.1   0.3   0.5   1.9   1.3   1.6   0.8

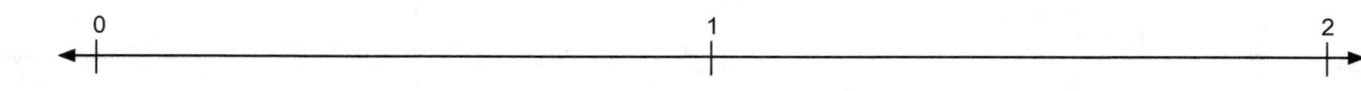

1031) 0.1   0.6   1.9   1.3   0.4   1.6   1.1   0.8

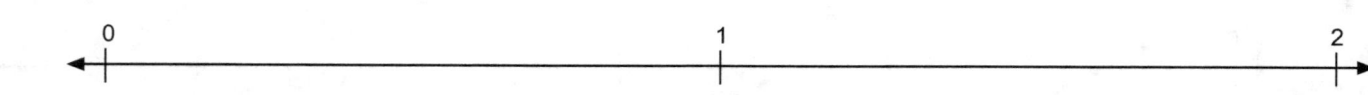

Identify where each set of points should be placed on the number lines below.

1032) $\frac{9}{10}$ $1\frac{2}{5}$ $1\frac{7}{10}$ $\frac{1}{10}$ $\frac{3}{10}$ $\frac{3}{5}$

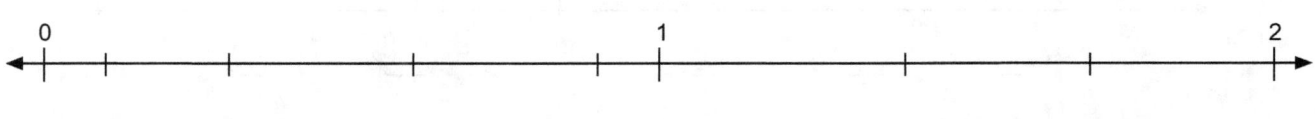

1033) $\frac{4}{5}$ $1\frac{3}{5}$ $\frac{1}{5}$ $1\frac{4}{5}$ $\frac{2}{5}$ $\frac{3}{5}$

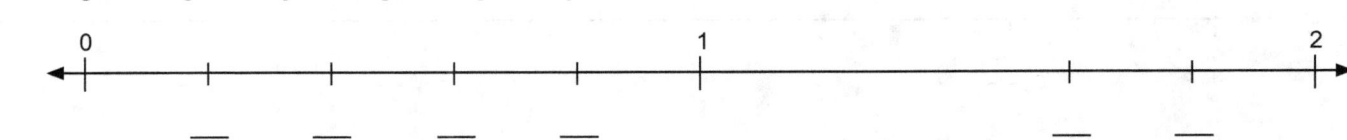

1034) $1\frac{1}{4}$ $1\frac{7}{8}$ $1\frac{5}{8}$ $\frac{3}{4}$ $\frac{1}{2}$ $\frac{1}{4}$

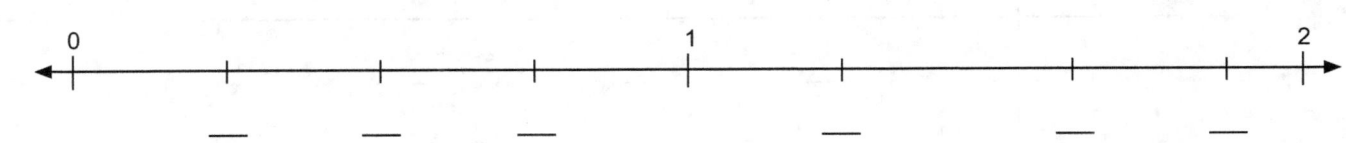

1035) $\frac{1}{2}$ $1\frac{1}{2}$>

1036) $1\frac{3}{4}$ $1\frac{1}{2}$ $\frac{1}{4}$ $\frac{3}{4}$ $\frac{1}{2}$ $1\frac{1}{4}$

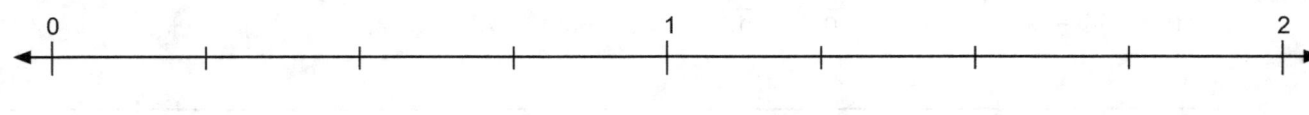

1037) $1\frac{2}{3}$ $\frac{1}{3}$ $1\frac{1}{3}$ $\frac{2}{3}$

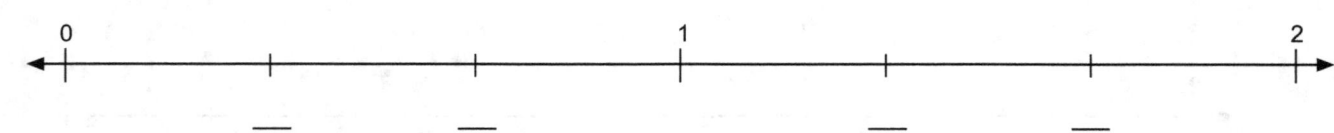

1038) $\frac{3}{10}$ $1\frac{9}{10}$ $1\frac{3}{5}$ $\frac{9}{10}$ $1\frac{3}{10}$ $\frac{3}{5}$

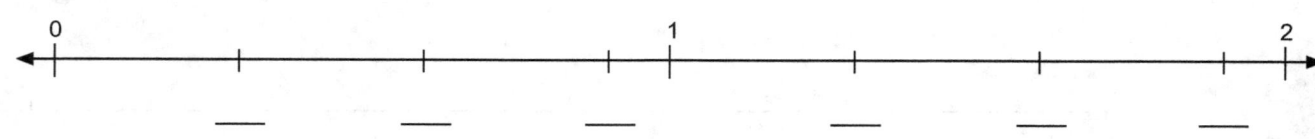

1039) $1\frac{1}{5}$ $1\frac{2}{5}$ $1\frac{3}{5}$ $\frac{4}{5}$ $\frac{3}{5}$ $\frac{2}{5}$

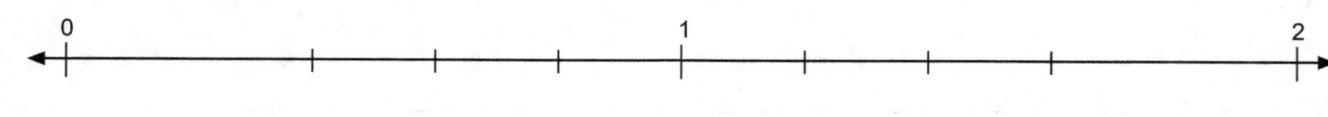

1040) $1\frac{2}{3}$ $\frac{1}{3}$ $\frac{2}{3}$ $1\frac{1}{3}$

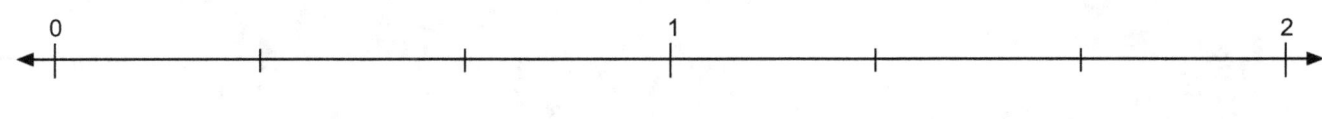

1041) $1\frac{1}{2}$ $\frac{3}{4}$ $\frac{1}{2}$ $1\frac{1}{4}$ $1\frac{3}{4}$ $\frac{1}{4}$

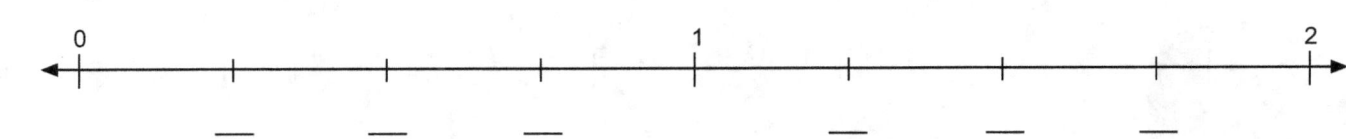

1042) $1\frac{1}{4}$ $\frac{7}{8}$ $\frac{1}{8}$ $1\frac{1}{2}$ $\frac{1}{2}$ $1\frac{3}{4}$

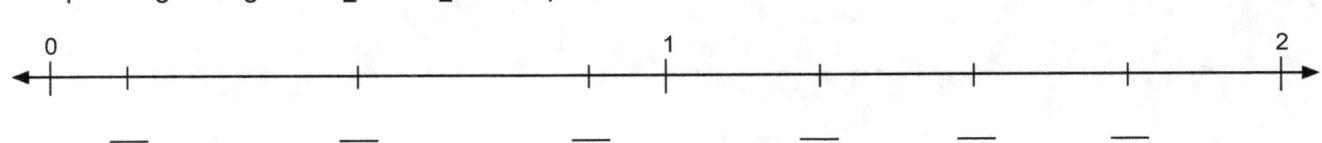

1043) $\frac{7}{10}$ $1\frac{2}{5}$ $1\frac{7}{10}$ $\frac{2}{5}$ $1\frac{1}{10}$ $\frac{1}{10}$

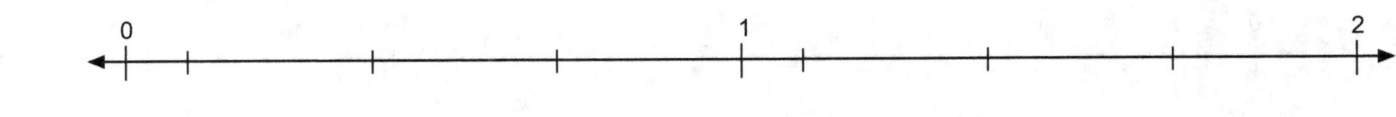

1044) $1\frac{1}{4}$ $\frac{1}{2}$ $1\frac{3}{4}$ $\frac{3}{4}$ $\frac{1}{4}$ $1\frac{1}{2}$

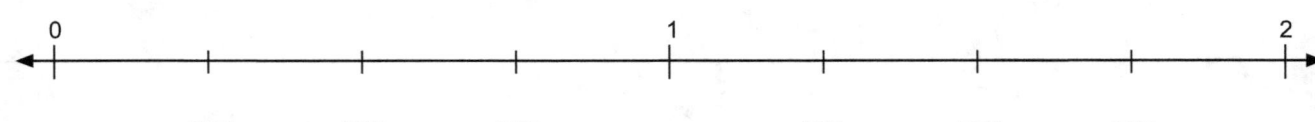

1045) $1\frac{3}{5}$ $\frac{3}{5}$ $\frac{9}{10}$ $1\frac{9}{10}$ $\frac{3}{10}$ $1\frac{3}{10}$

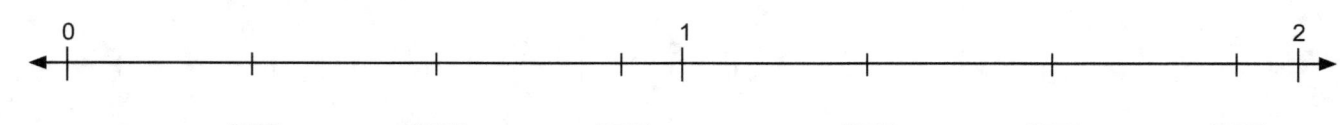

1046) $\frac{1}{3}$ $1\frac{2}{3}$ $\frac{2}{3}$ $1\frac{1}{3}$

1047) $1\frac{1}{5}$ $\frac{1}{5}$ $1\frac{4}{5}$ $1\frac{3}{5}$ $\frac{2}{5}$ $1\frac{2}{5}$

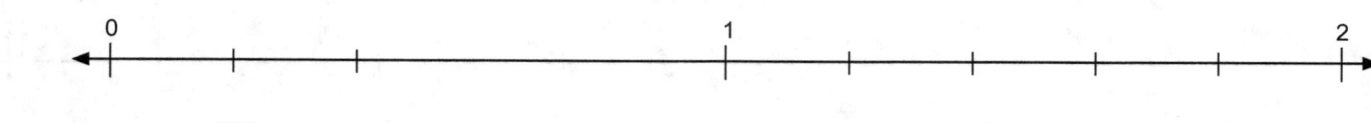

1048) $\frac{1}{4}$ $1\frac{5}{8}$ $\frac{1}{2}$ $1\frac{1}{4}$ $1\frac{7}{8}$ $\frac{7}{8}$

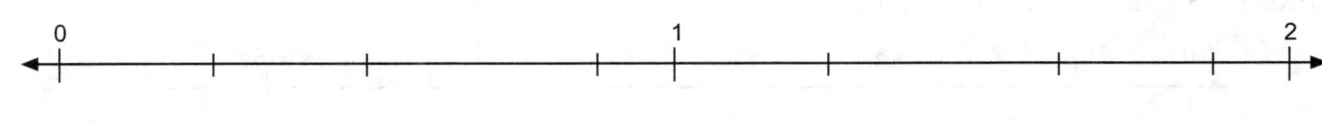

1049) $1\frac{3}{5}$ $\frac{7}{10}$ $\frac{3}{10}$ $1\frac{4}{5}$ $1\frac{3}{10}$ $\frac{9}{10}$

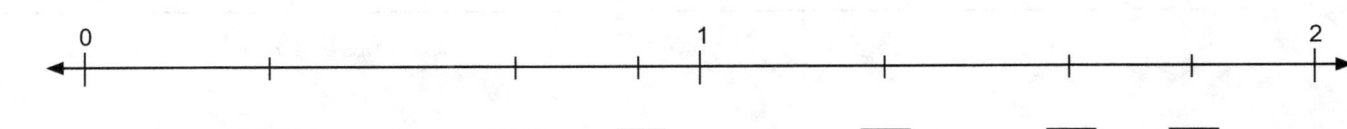

1050) $\frac{3}{5}$ $1\frac{2}{5}$ $\frac{2}{5}$ $\frac{1}{5}$ $1\frac{3}{5}$ $\frac{4}{5}$

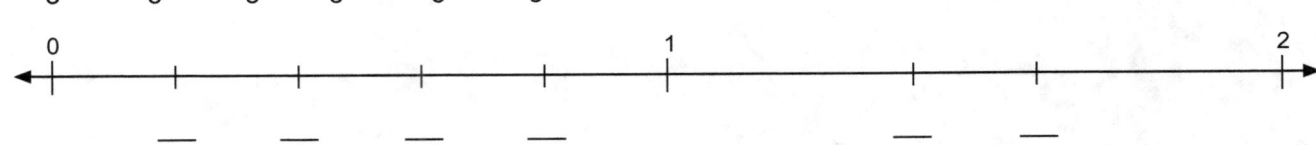

1051) $\frac{2}{3}$ $1\frac{1}{3}$ $1\frac{2}{3}$ $\frac{1}{3}$

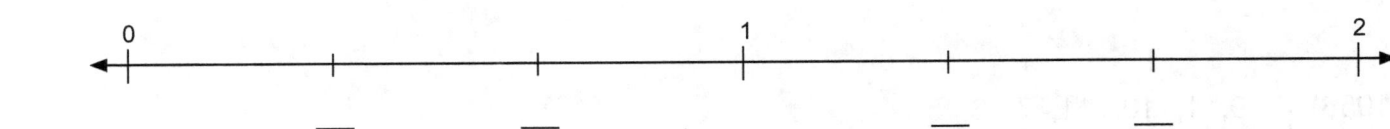

© 2020 Moleem Education

Identify where each set of points should be placed on the number lines below.

1052) 13, 12, 9, 2, 11, 14, 8, 17

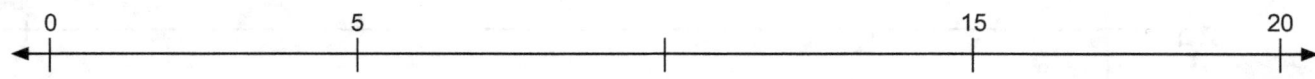

1053) 0

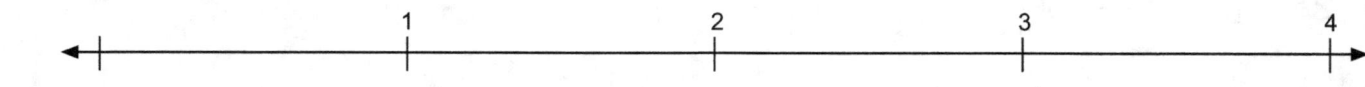

1054) 320, 140, 210, 250, 360, 90, 130, 330

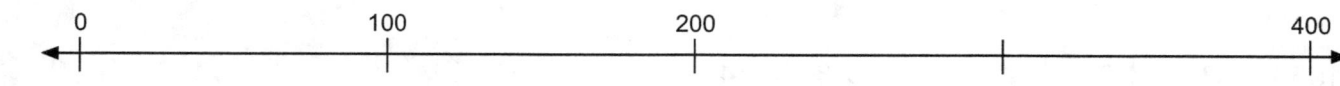

1055) 7, 5, 3, 6, 1

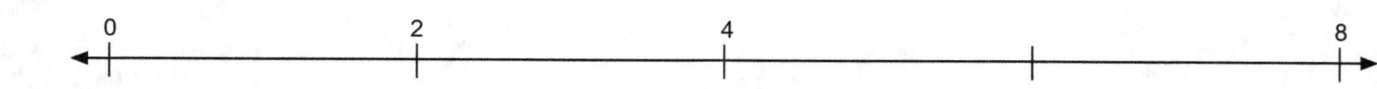

1056) 4, 9, 1, 10, 11, 7, 8, 5

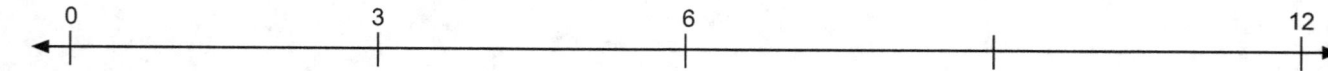

© 2020 Moleem Education

1057) 17, 9, 38, 36, 26, 7, 24, 40

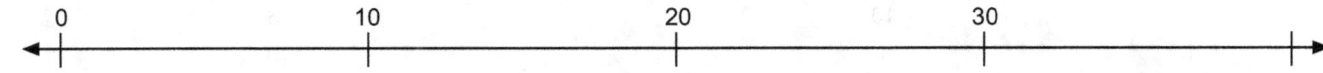

1058) 50, 16, 74, 44, 42, 64, 76, 14

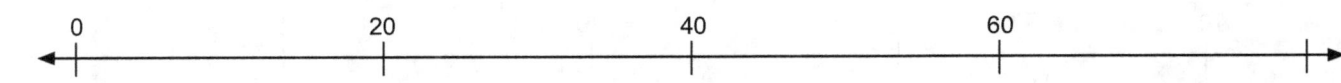

1059) 6, 9, 3, 13, 0, 11, 7, 2

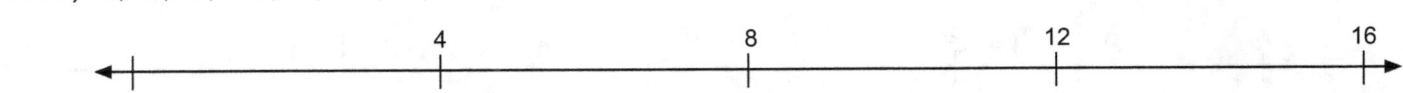

1060) 125, 155, 55, 65, 30, 180, 85, 75

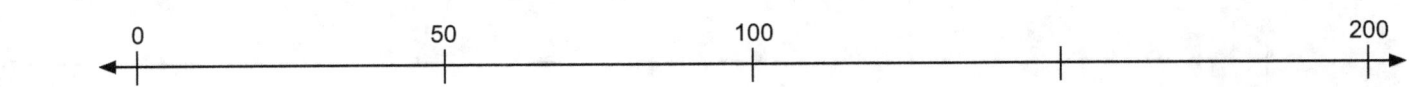

1061) 12, 39, 3, 27, 34, 37, 14, 17

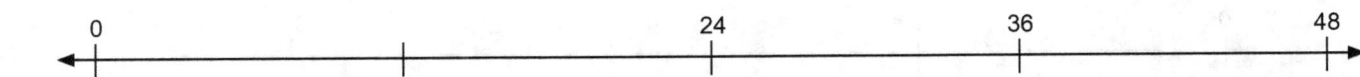

1062) 23, 28, 19, 4, 15, 39, 7, 38

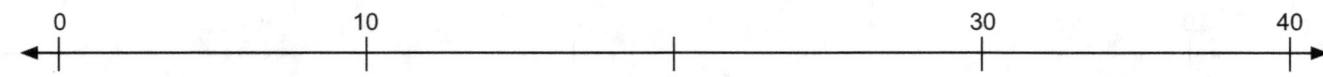

1063) 13, 6, 11, 17, 18, 3, 2, 8

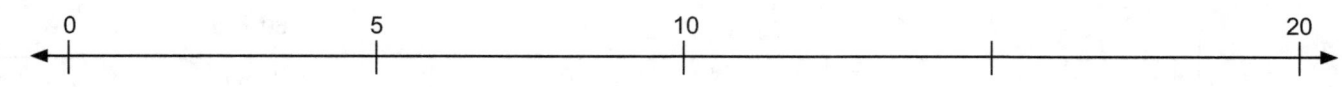

1064) 3, 0, 1, 7, 5

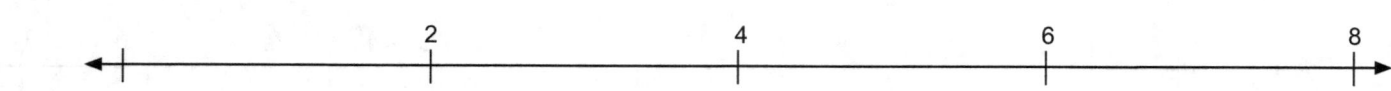

1065) 5, 9, 8, 13, 2, 3, 7, 10

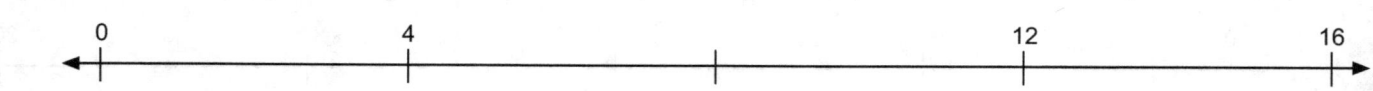

1066) 8, 5, 2, 7, 4, 12, 11, 1

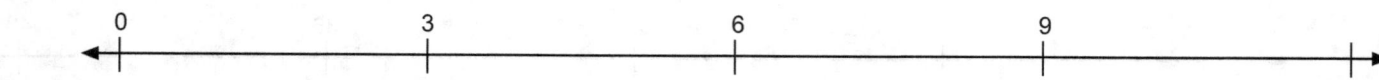

1067) 6, 70, 68, 2, 38, 22, 58, 44

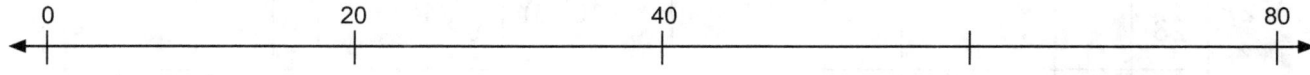

1068) 4

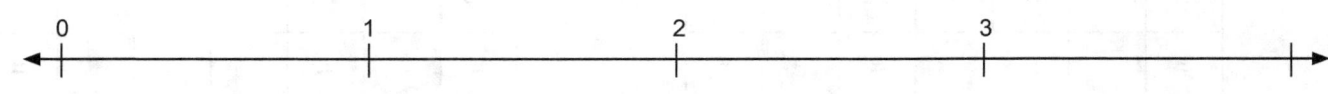

1069) 175, 10, 60, 100, 15, 130, 20, 75

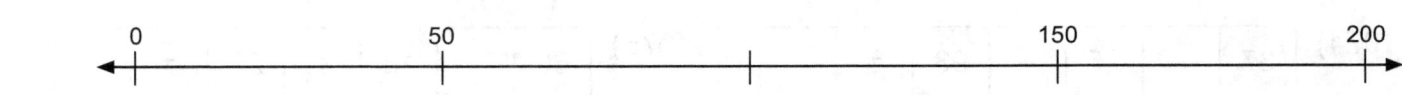

1070) 260, 180, 40, 220, 320, 350, 370, 340

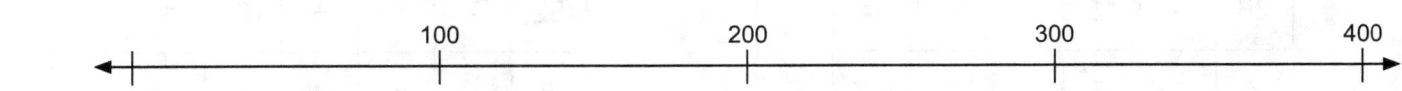

1071) 35, 46, 10, 9, 17, 15, 38, 34

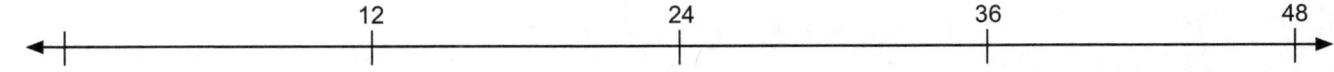

Solve.

1072)

28	−	19	+	87	=	
−		+		−		+
19	+	45	−	16	=	
+		−		+		+
27	−	13	+	55	=	
=		=		=		=
	+		+		=	

1073)

92	−	19	+	58	=	
−		+		−		+
19	+	19	−	10	=	
+		−		+		+
10	−	10	+	98	=	
=		=		=		=
	+		+		=	

1074)

37	−	25	+	93	=	
−		+		−		+
25	+	32	−	32	=	
+		−		+		+
28	−	15	+	33	=	
=		=		=		=
	+		+		=	

1075)

60	−	18	+	29	=	
−		+		−		+
18	+	40	−	29	=	
+		−		+		+
52	−	29	+	100	=	
=		=		=		=
	+		+		=	

1076)

36	-	10	+	18	=	
-		+		-		+
10	+	22	-	18	=	
+		-		+		+
80	-	17	+	60	=	
=		=		=		=
	+		+		=	

1077)

54	-	53	+	98	=	
-		+		-		+
53	+	15	-	15	=	
+		-		+		+
45	-	14	+	35	=	
=		=		=		=
	+		+		=	

1078)

98	-	49	+	21	=	
-		+		-		+
49	+	32	-	19	=	
+		-		+		+
15	-	13	+	10	=	
=		=		=		=
	+		+		=	

1079)

30	-	22	+	86	=	
-		+		-		+
22	+	12	-	12	=	
+		-		+		+
87	-	11	+	50	=	
=		=		=		=
	+		+		=	

1080)

54	−	34	+	83	=	
−		+		−		+
34	+	16	−	16	=	
+		−		+		+
20	−	10	+	57	=	
=		=		=		=
	+		+		=	

1081)

97	−	41	+	78	=	
−		+		−		+
41	+	11	−	10	=	
+		−		+		+
28	−	10	+	25	=	
=		=		=		=
	+		+		=	

1082)

54	−	51	+	42	=	
−		+		−		+
51	+	59	−	20	=	
+		−		+		+
45	−	18	+	30	=	
=		=		=		=
	+		+		=	

1083)

48	−	13	+	92	=	
−		+		−		+
13	+	37	−	36	=	
+		−		+		+
62	−	26	+	68	=	
=		=		=		=
	+		+		=	

© 2020 Moleem Education

Find the secret trail.

1084)

29	78	27	91
50	53	21	96
82	30	34	98
(78)	91	14	15

+ (262)

1085)

46	13	81	24
61	31	77	36
59	82	11	100
(27)	23	94	11

+ (496)

1086)

86	49	94	87
52	65	17	58
(49)	66	25	72
88	13	11	86

+ (322)

1087)

60	83	61	87
(68)	57	51	64
92	71	20	97
64	17	41	97

+ (553)

© 2020 Moleem Education

1088)

(15)	65	21	21
94	48	74	67
22	65	61	65
71	79	100	23

+ (342)

1089)

63	21	50	91
27	93	53	33
61	94	98	62
(85)	59	85	75

+ (475)

1090)

99	46	74	80
67	44	88	30
(56)	92	90	100
31	93	20	83

+ (591)

1091)

54	30	57	19
89	73	69	89
(43)	55	77	14
37	15	76	90

+ (532)

1092)

(80)	64	50	56
97	78	63	71
71	11	63	34
39	11	87	80

+ (487)

1093)

15	65	28	79
(20)	73	15	92
34	90	21	25
29	86	23	19

+ (437)

1094)

23	56	42	82
58	53	95	48
(27)	72	15	65
13	53	90	34

+ (435)

1095)

10	21	72	14
70	91	45	64
72	88	52	55
(51)	25	49	24

+ (443)

Can you solve this Sudoku?

1096)

9			5	3	1		6	
1	8	5		2	9	3	7	
3	2	6	8		4	1		
	9		7	4	6	8		
8	6		2		3	7	4	
7	3	4		1	8	5	2	6
4	5		1		2		8	7
6	1				7	4	5	
2	7	8	4	9	5	6		1

1097)

6		4		8		5	1	
8	2	7				3	4	9
5		9	4	3	7	2	8	6
1	4	3		6		8	7	2
	6	2	8			1		
7	8		3	2	1	6	9	4
3				8		5	1	
2	9	1		5	3	4	6	
4	5		1		6		2	3

1098)

2			4	9	1	3	7	
	1		3	5	7			
5		3	6	8	2		4	1
	5		9	6		7	1	4
6			7	4	8		2	3
4				1	5		9	
			8	2		6		
3	8	9	1	7		4		2
7	2	6	5		4			9

1099)

7	9	5			8	3	4	1
		1	5	9	7	8	2	
2				1	3		5	9
1	8	6	3	5	4		7	2
4	5		6	7	9		3	
9	7	3	1	8		4	6	
5	2	7	8			6	9	3
		9			5			4
	3	4	9	2			1	7

1100)

	3	2	7	4	8	6		9
6		7	9			3	2	
9	4	1	3			8		5
		9	8					
3	2	6	1	9	5		4	
	1	8	6		4	9		2
2	6	3	5			4	8	
		5	4	1	3		9	6
1	9	4		8	6		3	7

1101)

6	3		8		7			4
4	7	5		1	9			2
8		1		2	4		7	6
	2	6	7			9	4	1
	4	7		6		8		
		8	2		5	6		7
	6			9			5	8
7	8		5	3	6	2	1	
2		9	1	7	8		6	3

1102)

2	6	5	7	3	1	8		4
	7	3	8		9		2	6
		4	8	6	2	5	7	3
4	9				8		1	
8	3		1	6	4	9		2
5			9	7	3	6	4	
3			5	1				
		1		9	6		8	
6	5		4		2	1	7	3

1103)

5	8	9	7	3			2	
7	6	2	1	4	8	3	5	
3	4		2	5		7	6	8
2	7	3	8		5	9		1
4		8	3	9	1	2		
9	1	6			7	8		
	2	7	9	8	4	5	1	
	9		5	7	3		8	
8		5	6	1	2	4		7

1104)

	9		2		6	3	4	1
4		2	5	3		8	7	6
6			4	7			5	2
	2		7	9		5	8	
9	7	4			8	1	2	3
		3		4	2	7	6	9
2		7	3	1	5	6	9	8
3		9		2	7			5
5	8			6	4	2	3	7

1105)

	9	3					1	5
7		4		8	5	9	3	
8	6	5	9	3	1	7	4	2
9			3	2		1	5	
			7	6				4
3	4	2	1	5	8	6		
	2				3			7
1	5		8	4	7	2	6	3
6		7	5			4		1

Convert.

1106) 0.17 = _____

1107) $99 \frac{3}{4}\%$ = _____

1108) $1 \frac{1}{5}\%$ = _____

1109) $98 \frac{1}{2}\%$ = _____

1110) 0.403 = _____

1111) 0.39 = _____

1112) 0.014 = _____

1113) 0.262 = _____

1114) 0.045 = _____

1115) $7 \frac{2}{10}\%$ = _____

1116) $69 \frac{1}{4}\%$ = _____

1117) 0.44 = _____

1118) $78 \frac{1}{2}\%$ = _____

1119) $20 \frac{2}{5}\%$ = _____

1120) 0.822 = _____

1121) $94 \frac{4}{5}\%$ = _____

1122) $42 \frac{1}{2}\%$ = _____

1123) 0.912 = _____

1124) 0.6 = _____

1125) $41 \frac{7}{10}\%$ = _____

1126) $43 \frac{2}{4}\%$ = _____

© 2020 Moleem Education

Calculate the given percent of each value.

1127) 90% of 57 = _____   1128) 19% of 3 = _____   1129) 19% of 8 = _____

1130) 84% of 218 = _____   1131) 13% of 71 = _____   1132) 20% of 13 = _____

1133) 39% of 16 = _____   1134) 35% of 7 = _____   1135) 76% of 27 = _____

1136) 26% of 4 = _____ 1137) 11% of 969 = _____ 1138) 40% of 41 = _____

1139) 32% of 958 = _____ 1140) 90% of 243 = _____ 1141) 27% of 57 = _____

1142) 67% of 9 = _____ 1143) 16% of 8 = _____ 1144) 70% of 255 = _____

1145) 12% of 20 = _____ 1146) 10% of 5 = _____ 1147) 51% of 92 = _____

© 2020 Moleem Education

Calculate the given percent of each value.

1148) 13% of 4 = _____   1149) 21% of 92 = _____   1150) 21% of 452 = _____

1151) 18% of 2 = _____   1152) 23% of 97 = _____   1153) 31% of 5 = _____

1154) 77% of 3 = _____   1155) 80% of 396 = _____   1156) 22% of 843 = _____

1157) 57% of 71 = _____   1158) 63% of 694 = _____   1159) 99% of 38 = _____

1160) 63% of 3 = _____   1161) 12% of 69 = _____   1162) 32% of 3 = _____

1163) 30% of 283 = _____   1164) 81% of 26 = _____   1165) 59% of 639 = _____

1166) 87% of 17 = _____   1167) 43% of 70 = _____   1168) 88% of 20 = _____

© 2020 Moleem Education

Find the volume.

1169)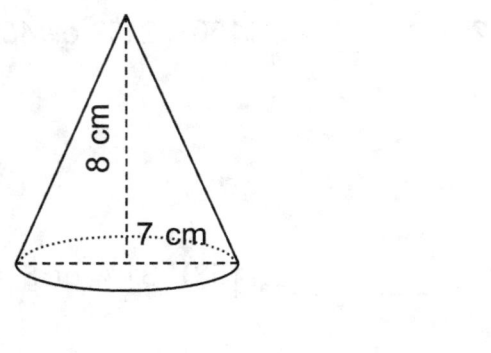

1170)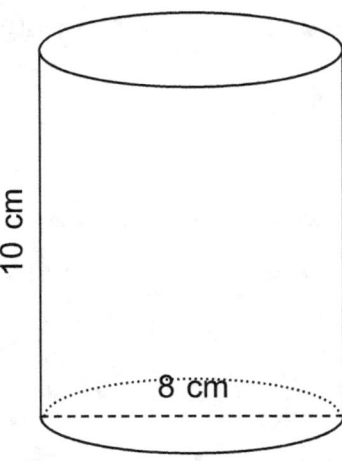

1171)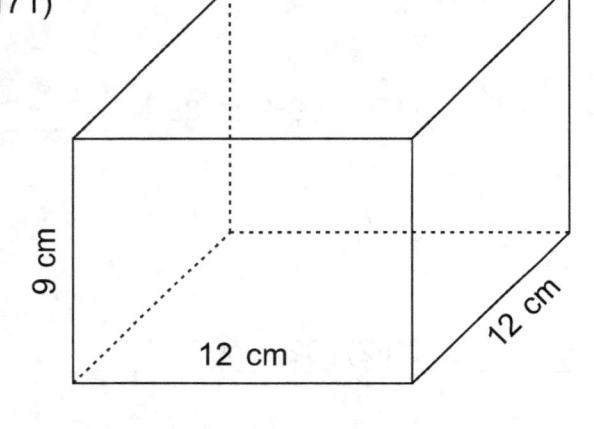

1172)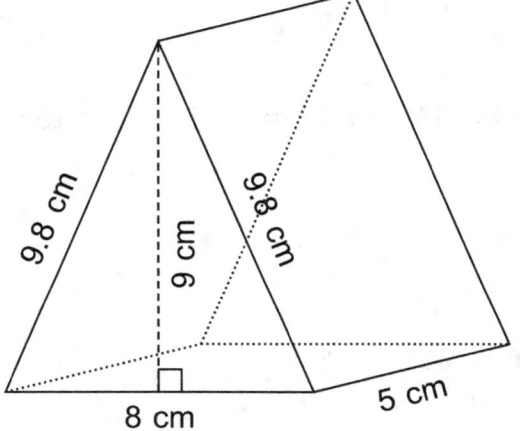

1173)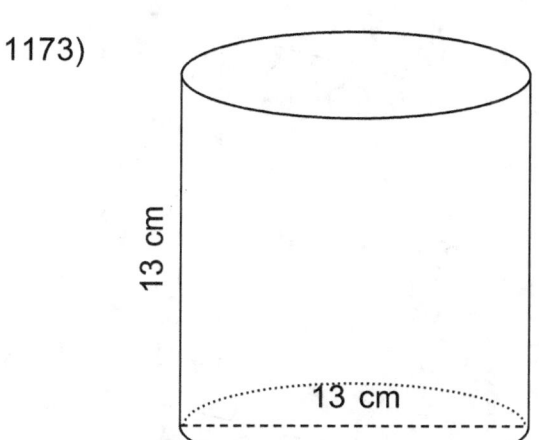

1174)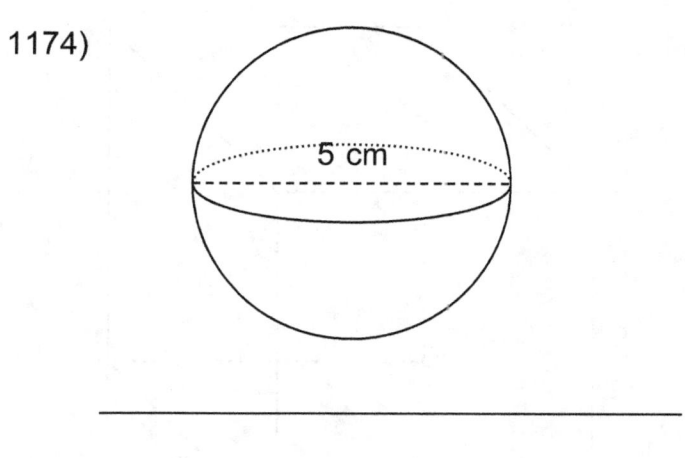

1175)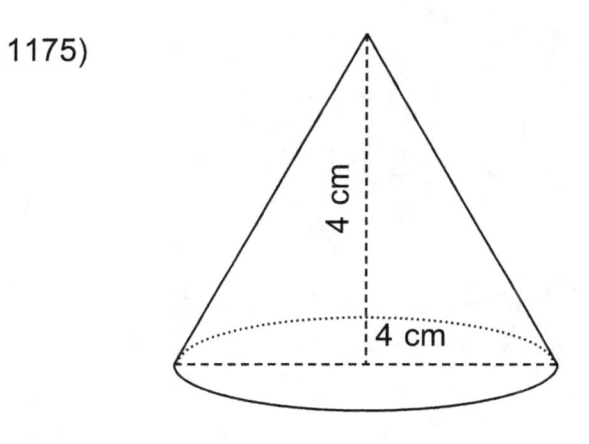

1176)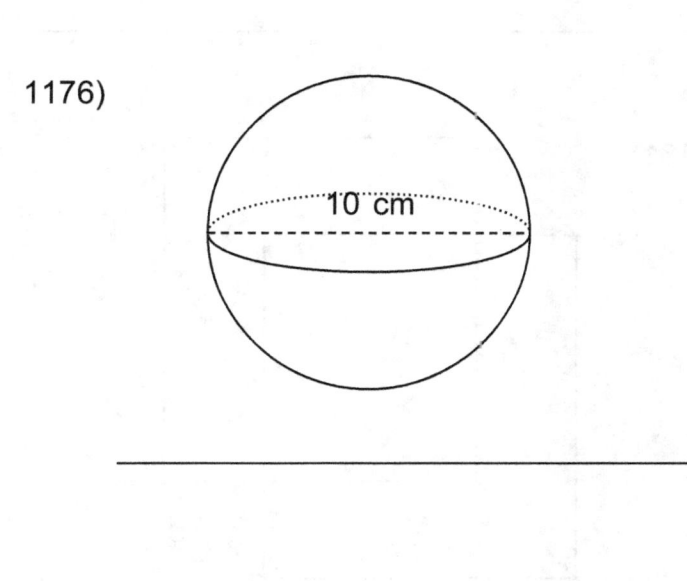

1177)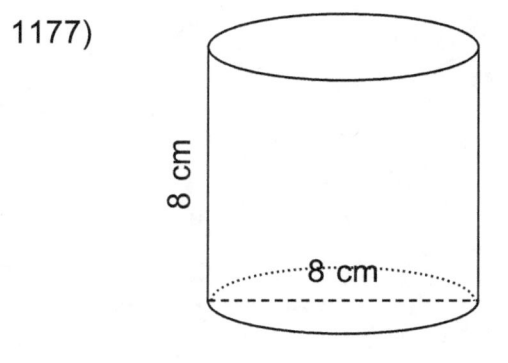

1178)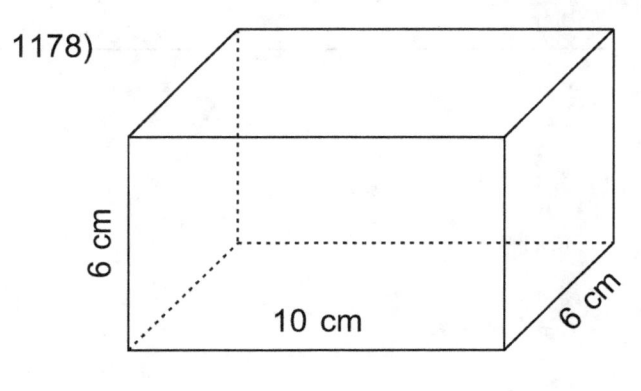

1179)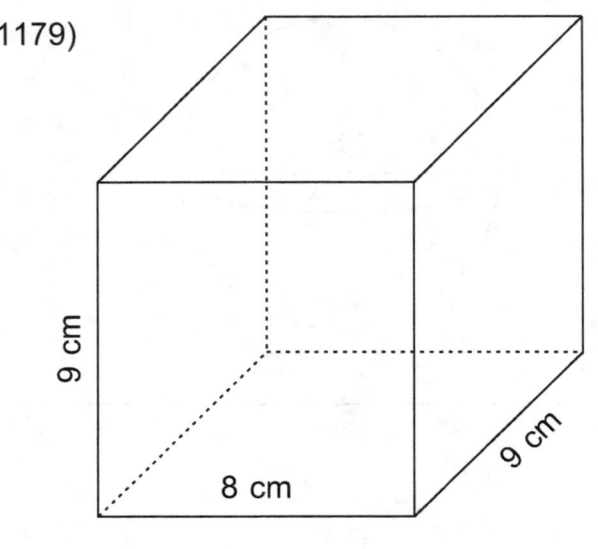

1180)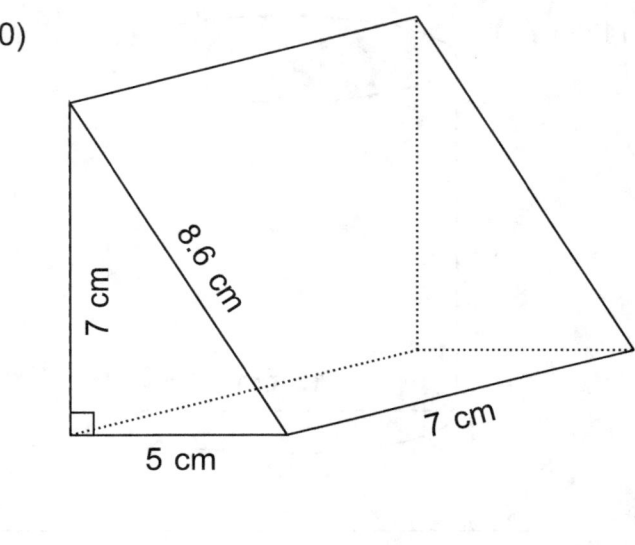

1181)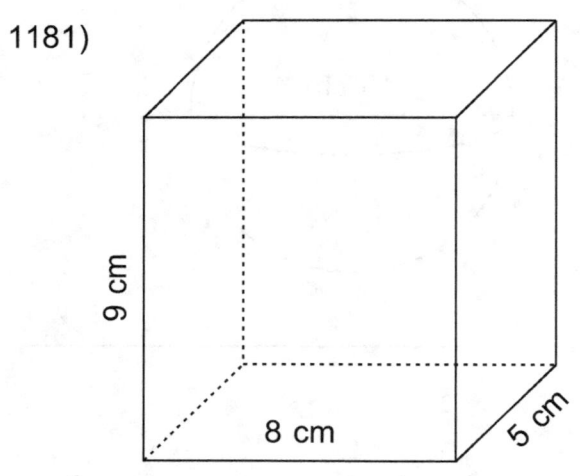

1182)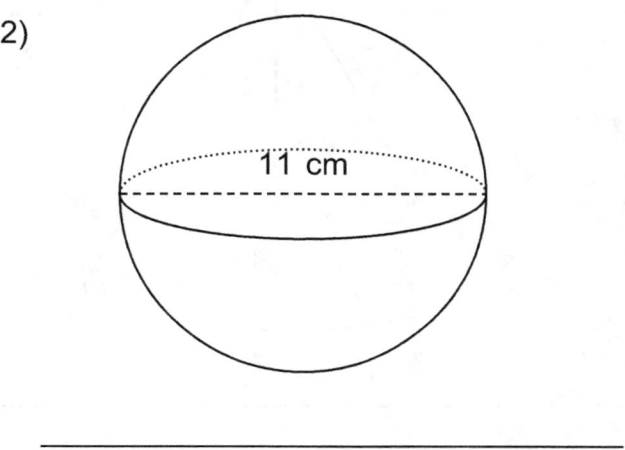

1183)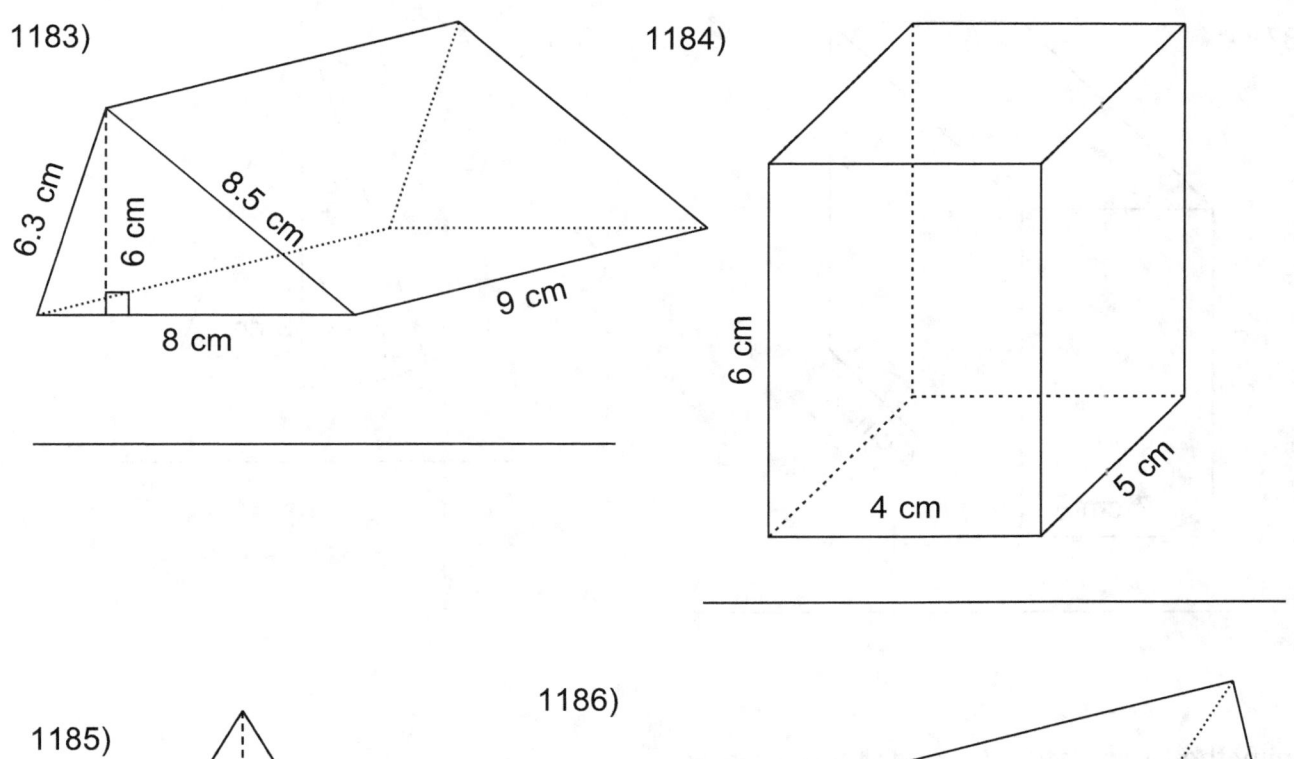

1184)

1185)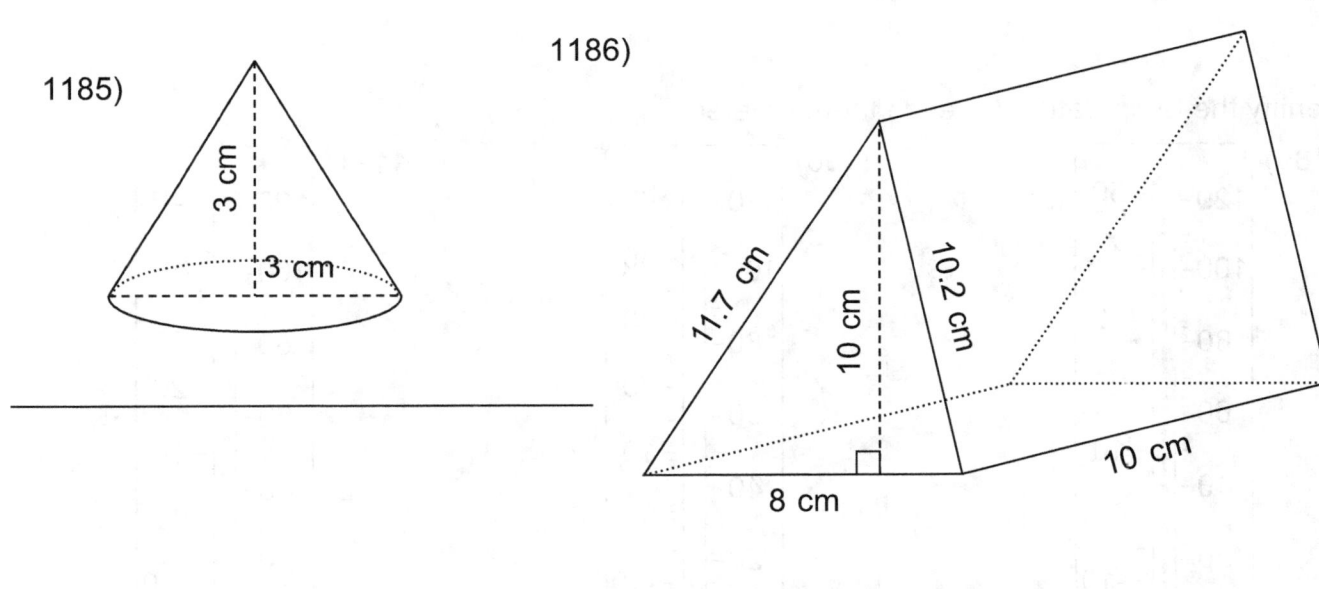

1186)

1187)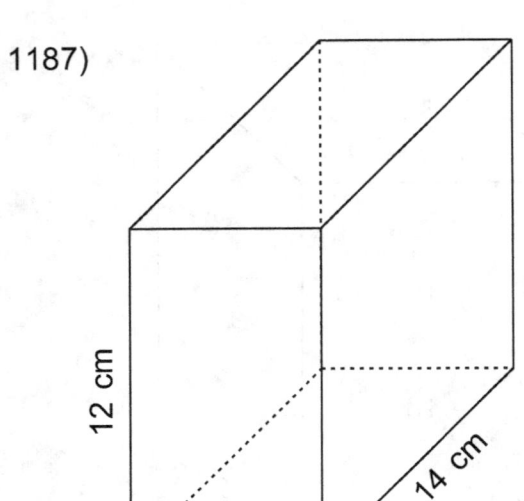

1188)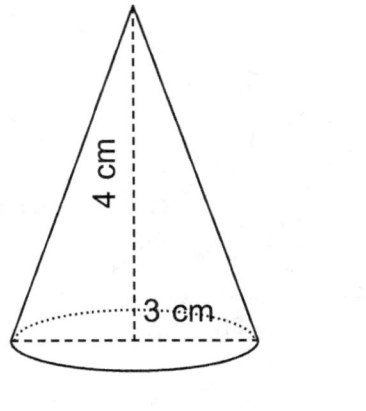

Identify the temperature for each thermometer.

1189)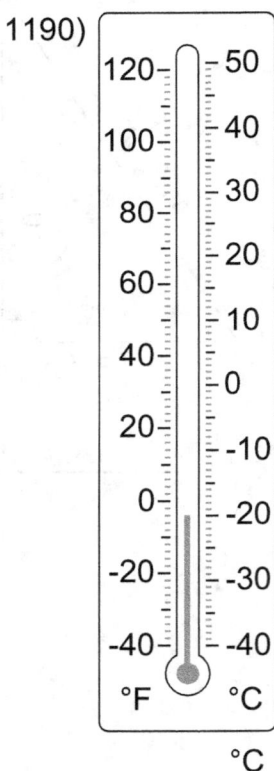

_____ °F

1190)

_____ °C

1191)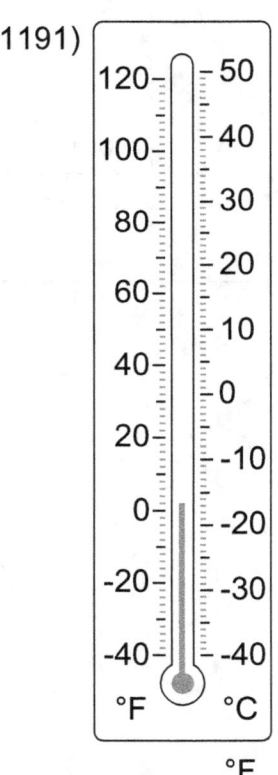

_____ °F

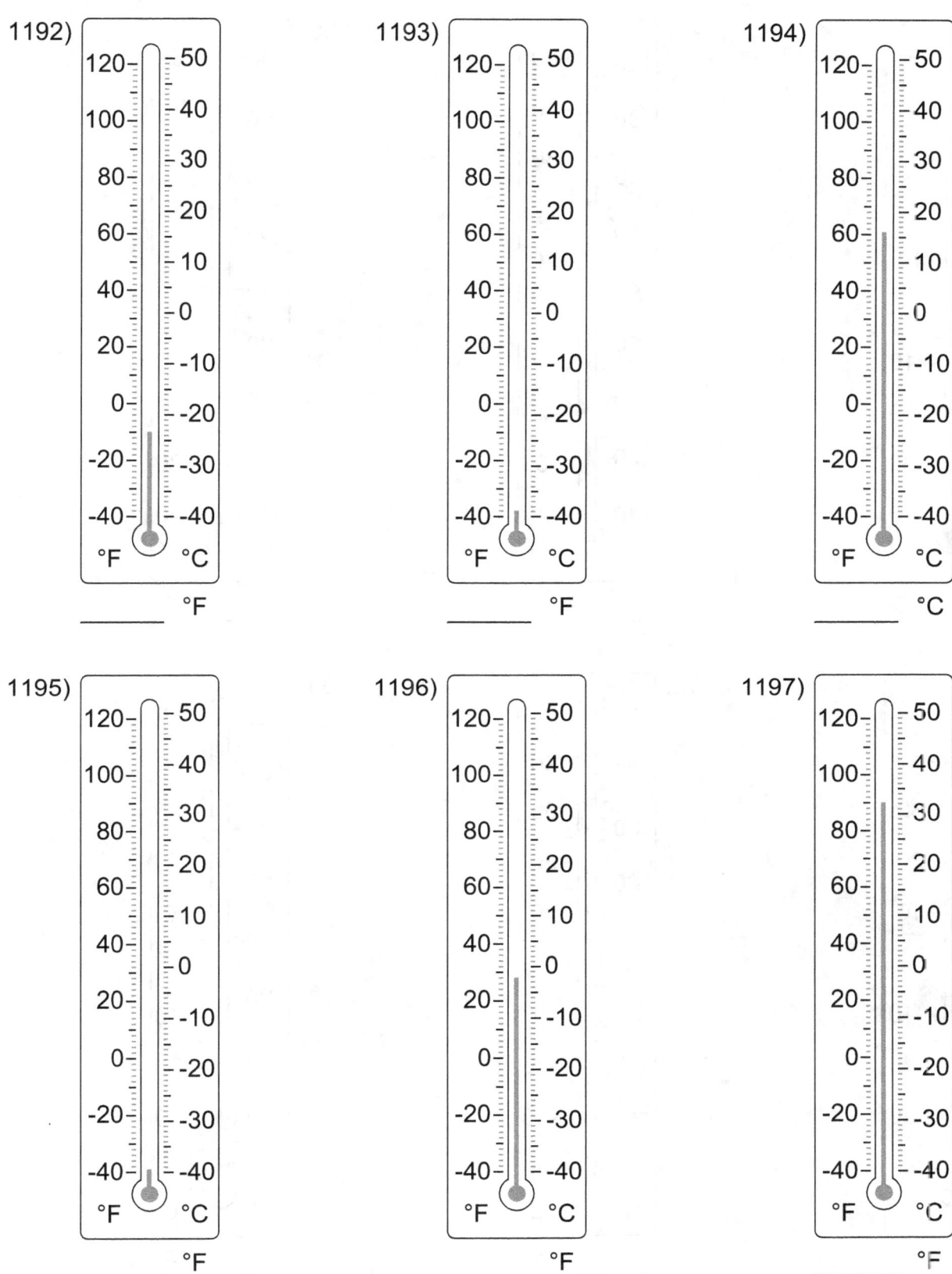

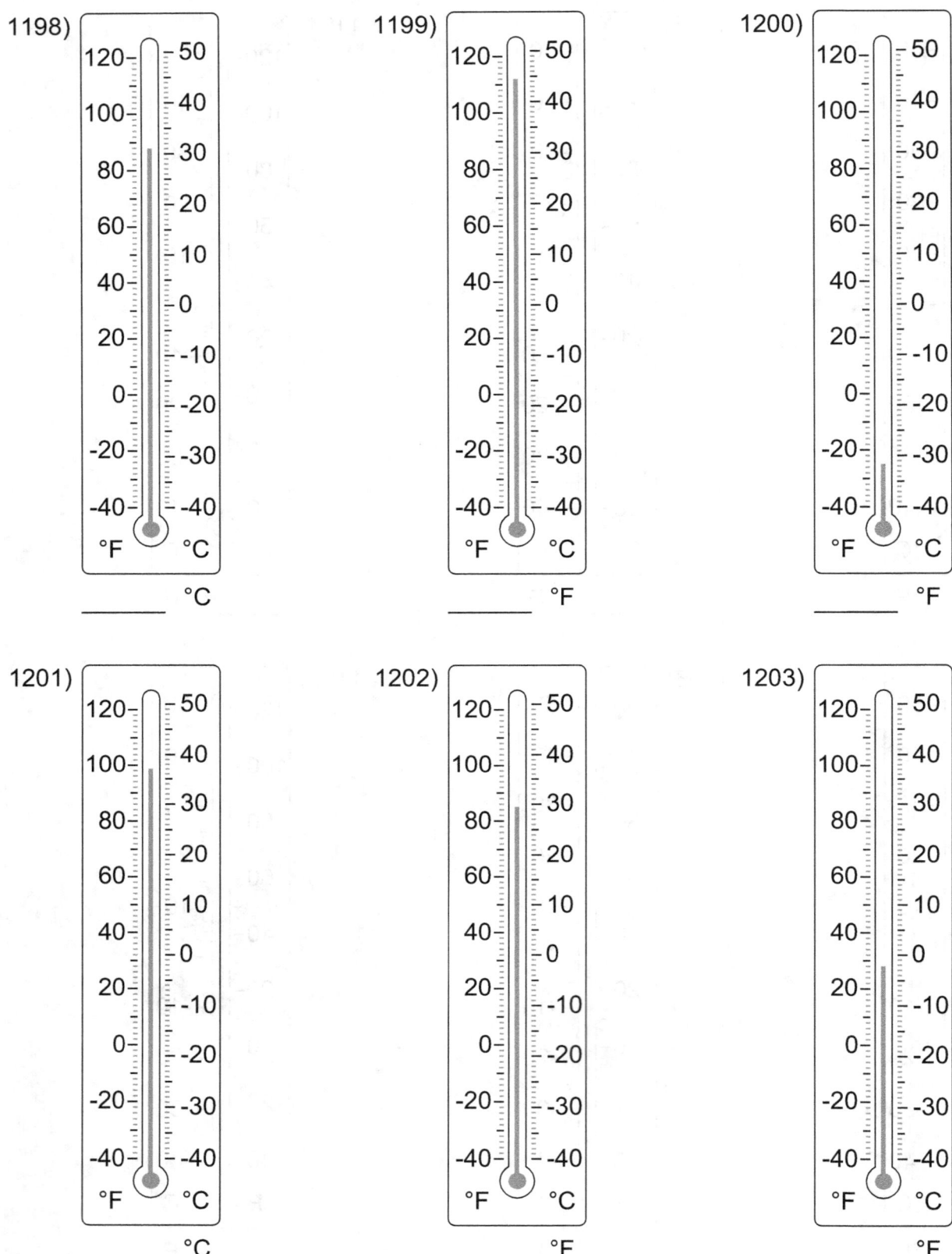

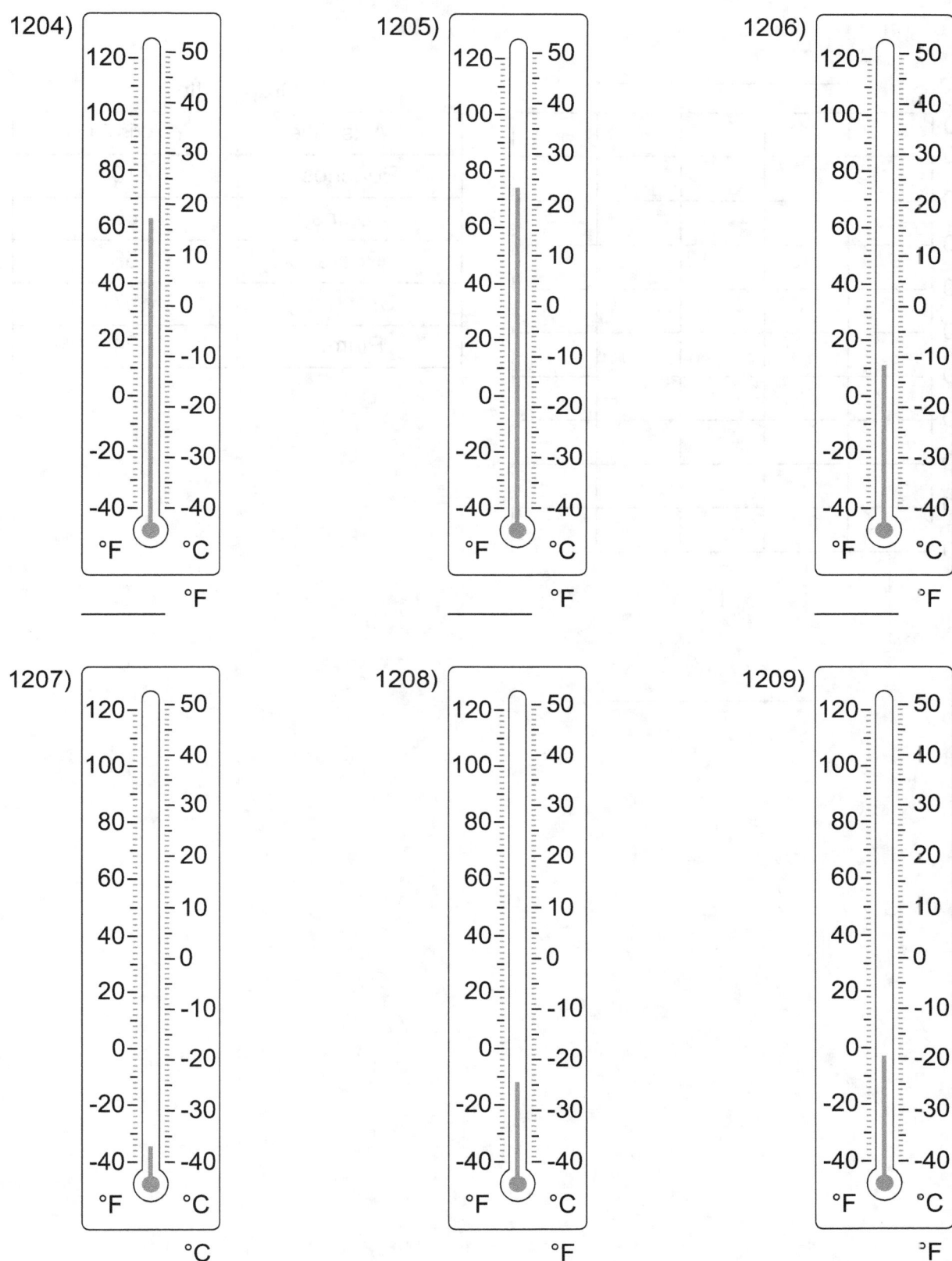

1204) _____ °F

1205) _____ °F

1206) _____ °F

1207) _____ °C

1208) _____ °F

1209) _____ °F

Complete the graph.

1210)

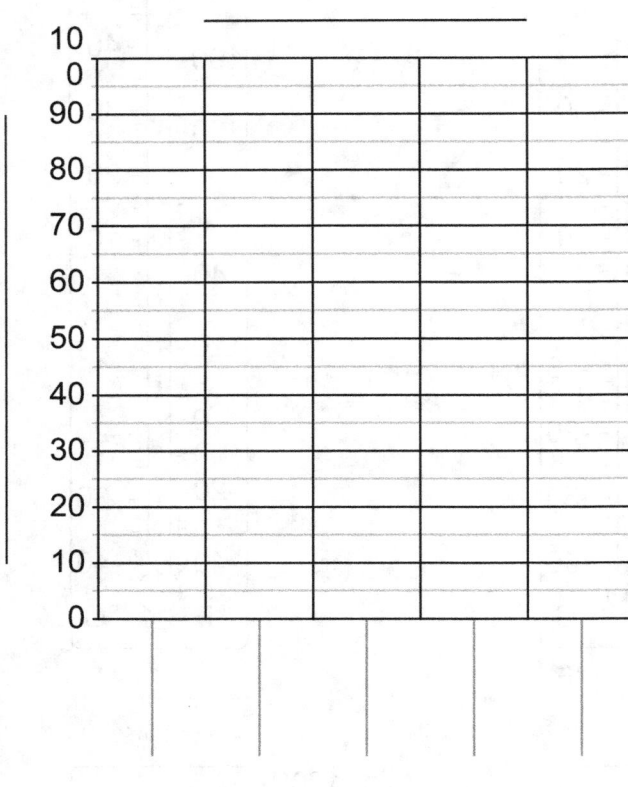

Graph Title	
X-Axis Title	Y-Axis Title
Peaches	70
Apples	66
Pears	58
Oranges	57
Plums	24

© 2020 Moleem Education

1211)

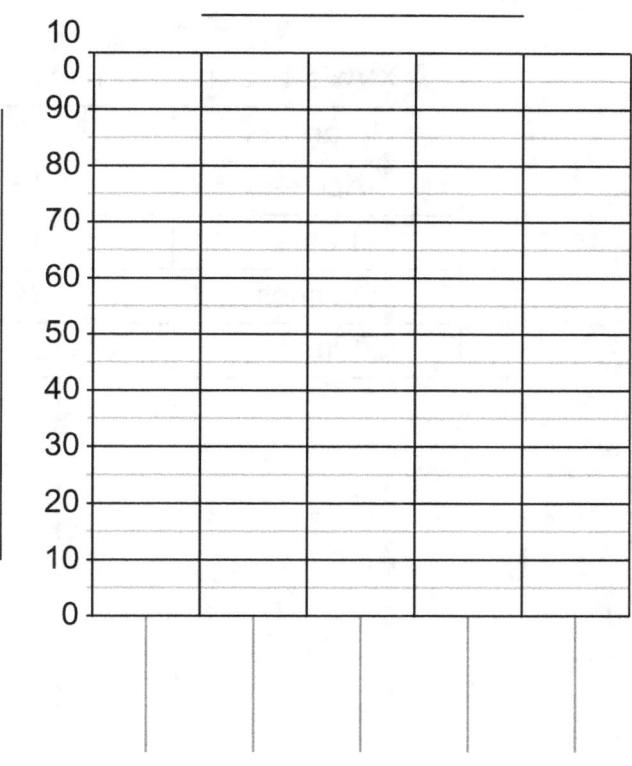

Graph Title

X-Axis Title	Y-Axis Title
Peaches	66
Apples	68
Pears	89
Oranges	65
Plums	89

1212)

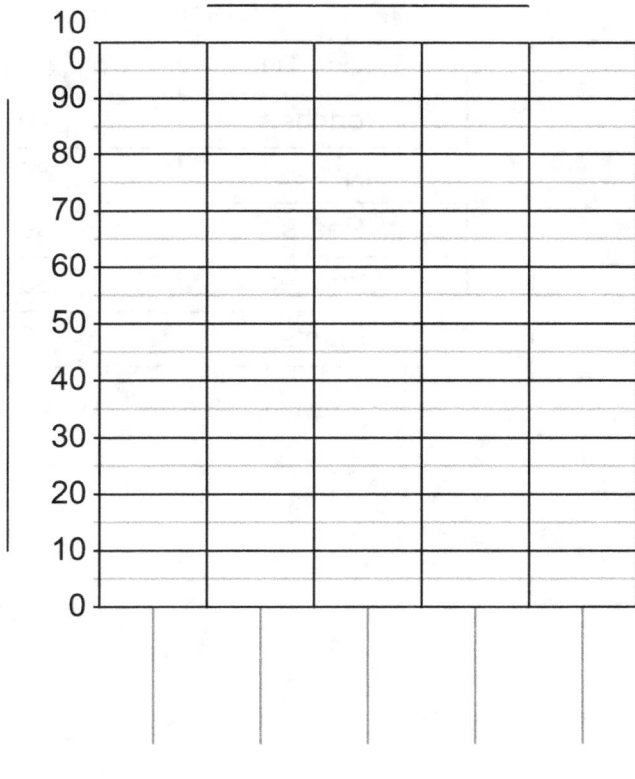

Graph Title

X-Axis Title	Y-Axis Title
Peaches	70
Apples	58
Pears	49
Oranges	37
Plums	21

1213)

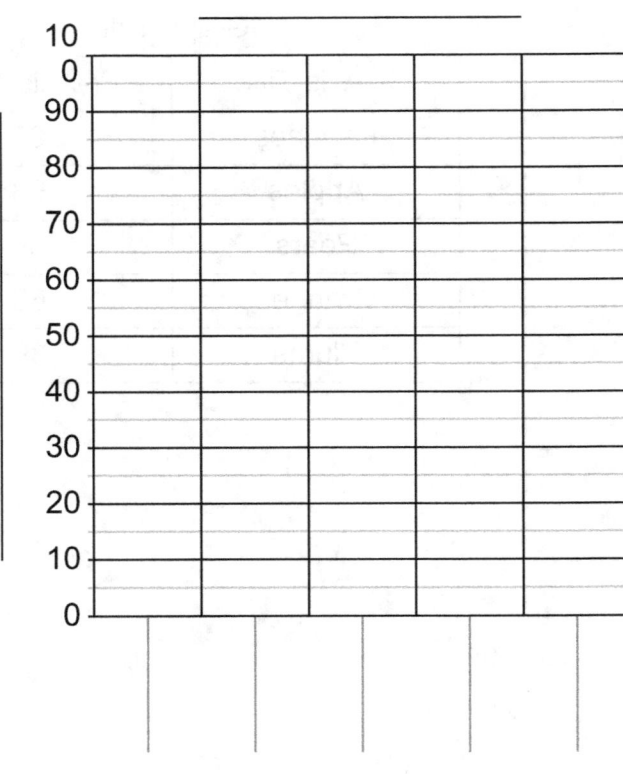

Graph Title

X-Axis Title	Y-Axis Title
Peaches	13
Apples	15
Pears	16
Oranges	24
Plums	57

1214)

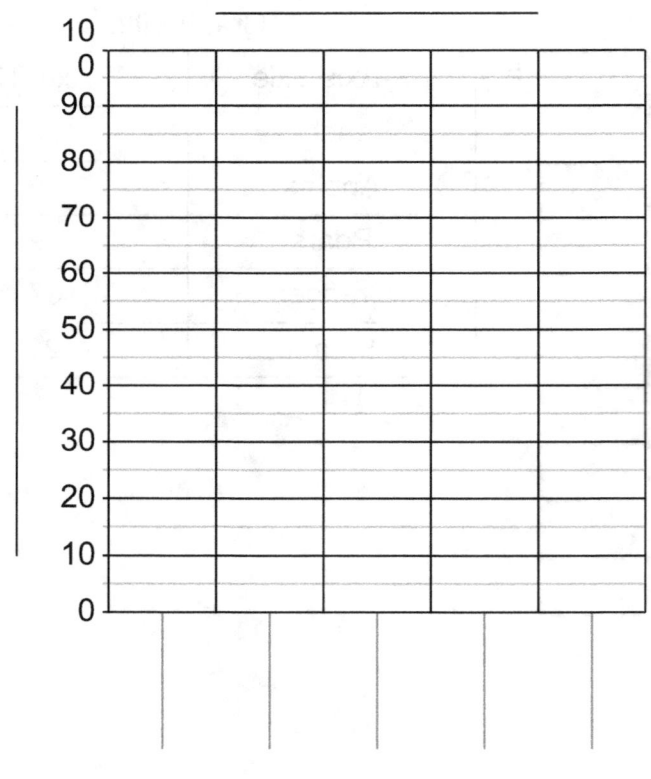

Graph Title

X-Axis Title	Y-Axis Title
Peaches	70
Apples	64
Pears	56
Oranges	39
Plums	12

1215)

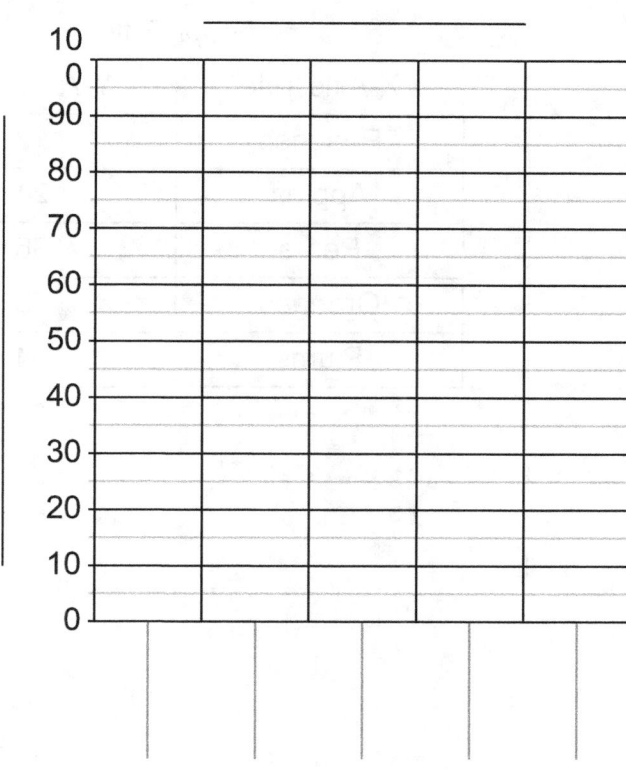

Graph Title	
X-Axis Title	Y-Axis Title
Peaches	70
Apples	52
Pears	36
Oranges	24
Plums	50

1216)

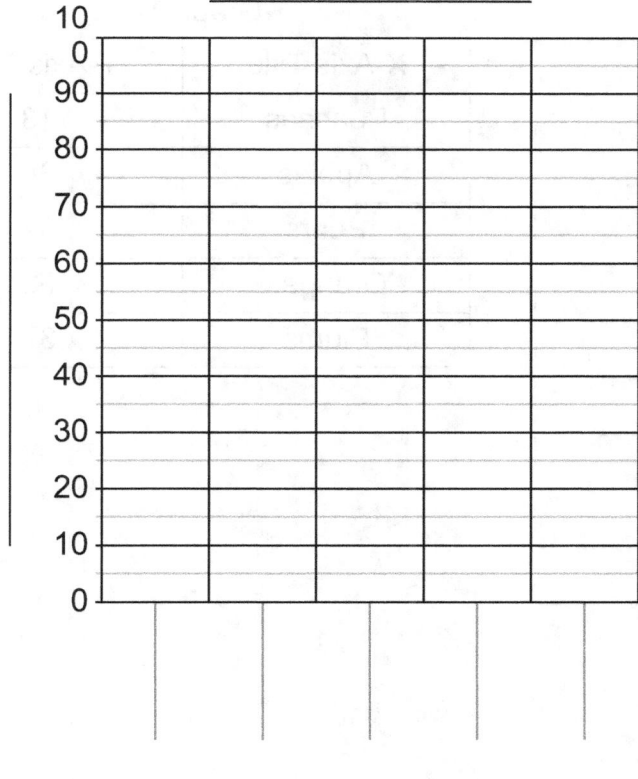

Graph Title	
X-Axis Title	Y-Axis Title
Peaches	13
Apples	30
Pears	35
Oranges	48
Plums	35

1217)

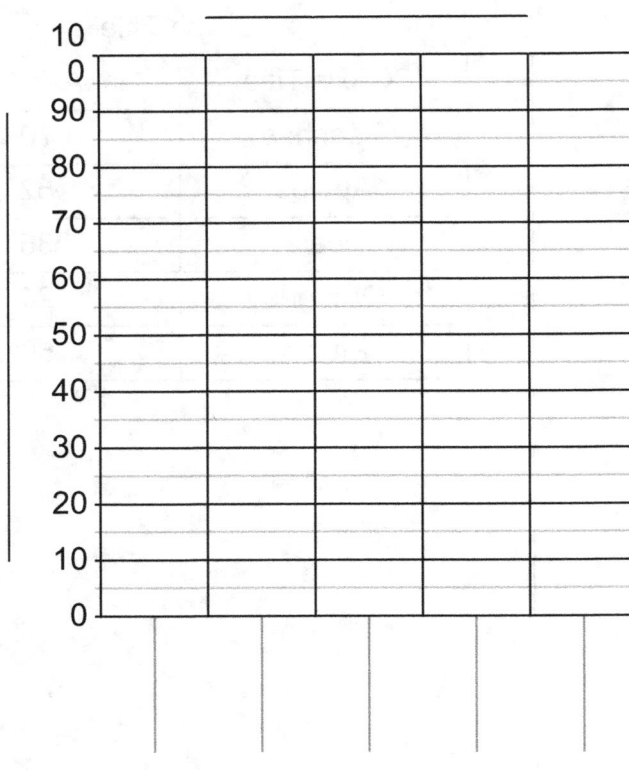

Graph Title

X-Axis Title	Y-Axis Title
Peaches	13
Apples	24
Pears	36
Oranges	43
Plums	64

1218)

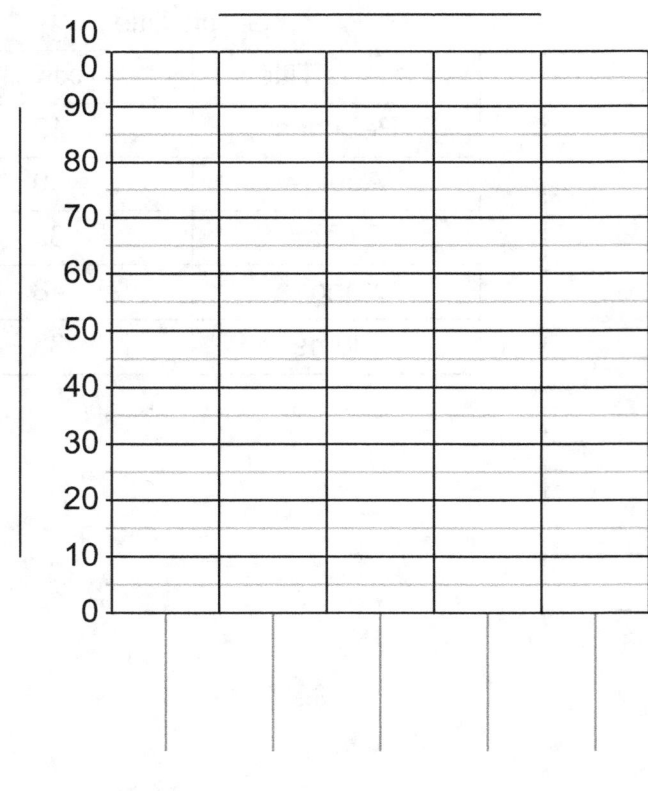

Graph Title

X-Axis Title	Y-Axis Title
Peaches	13
Apples	38
Pears	39
Oranges	53
Plums	37

1219)

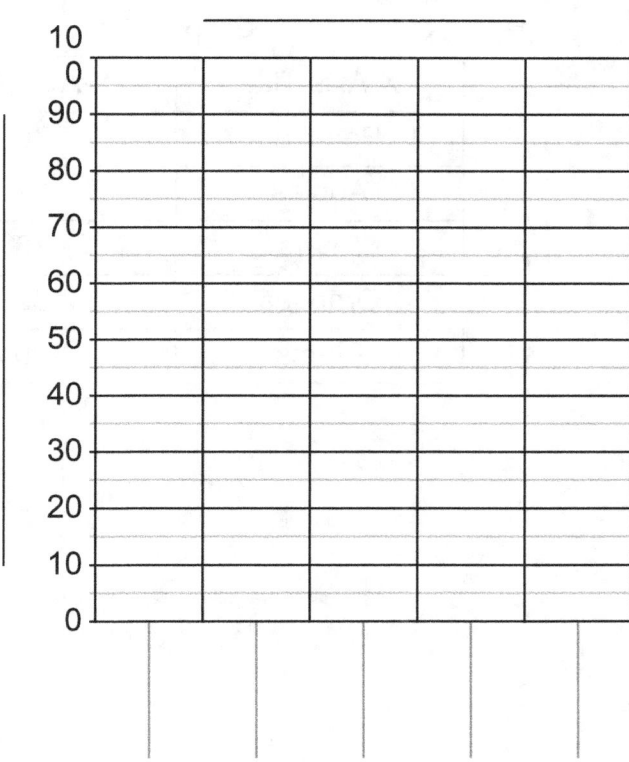

Graph Title

X-Axis Title	Y-Axis Title
Peaches	70
Apples	61
Pears	44
Oranges	31
Plums	24

1220)

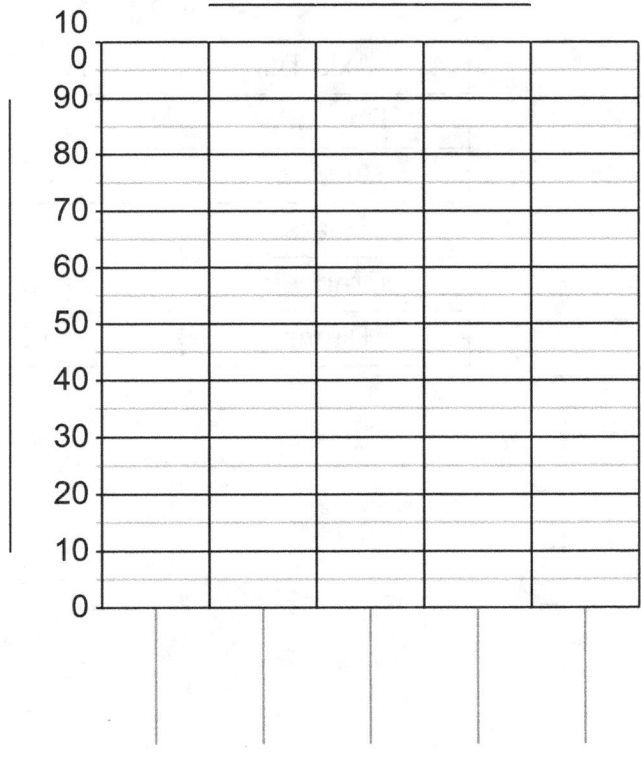

Graph Title

X-Axis Title	Y-Axis Title
Peaches	94
Apples	83
Pears	35
Oranges	13
Plums	21

© 2020 Moleem Education

1221)

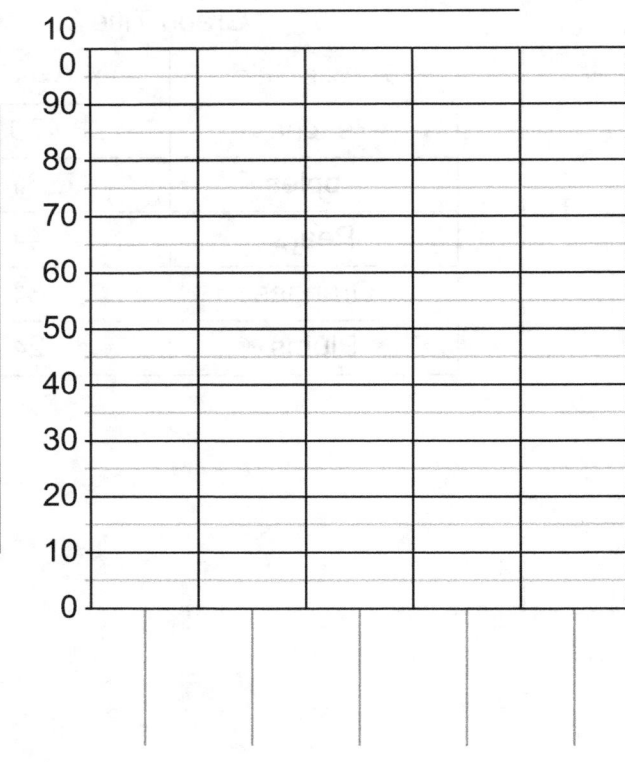

Graph Title

X-Axis Title	Y-Axis Title
Peaches	78
Apples	31
Pears	73
Oranges	32
Plums	29

1222)

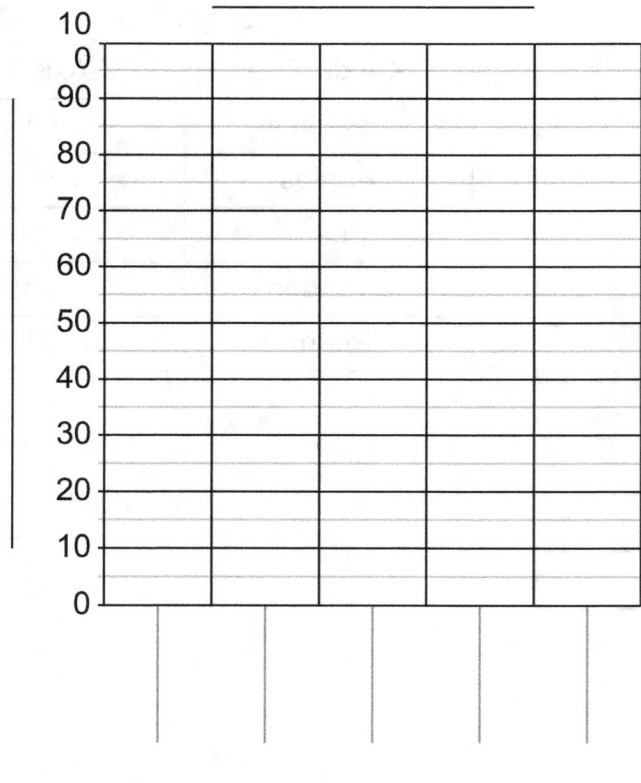

Graph Title

X-Axis Title	Y-Axis Title
Peaches	70
Apples	65
Pears	60
Oranges	36
Plums	12

1223)

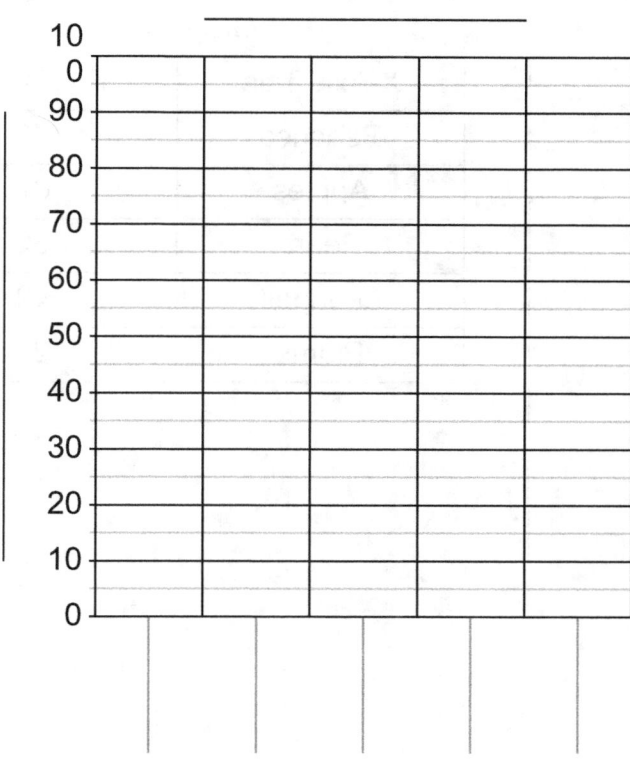

Graph Title

X-Axis Title	Y-Axis Title
Peaches	13
Apples	25
Pears	39
Oranges	49
Plums	56

1224)

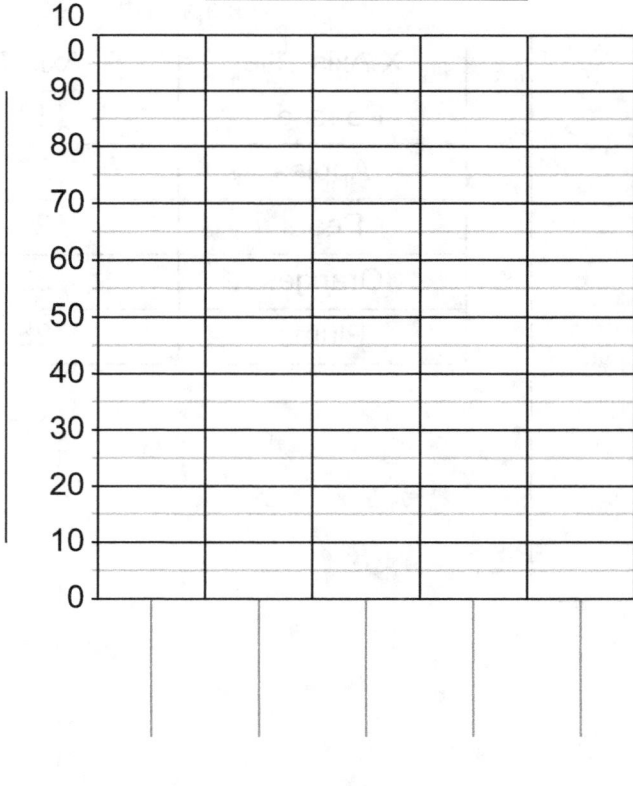

Graph Title

X-Axis Title	Y-Axis Title
Peaches	70
Apples	62
Pears	54
Oranges	51
Plums	33

1225)

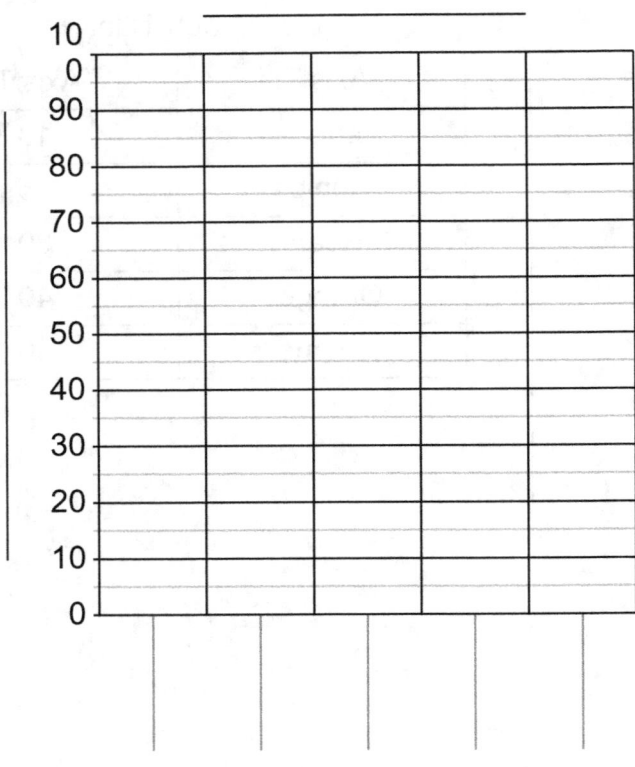

Graph Title

X-Axis Title	Y-Axis Title
Peaches	70
Apples	67
Pears	52
Oranges	48
Plums	23

1226)

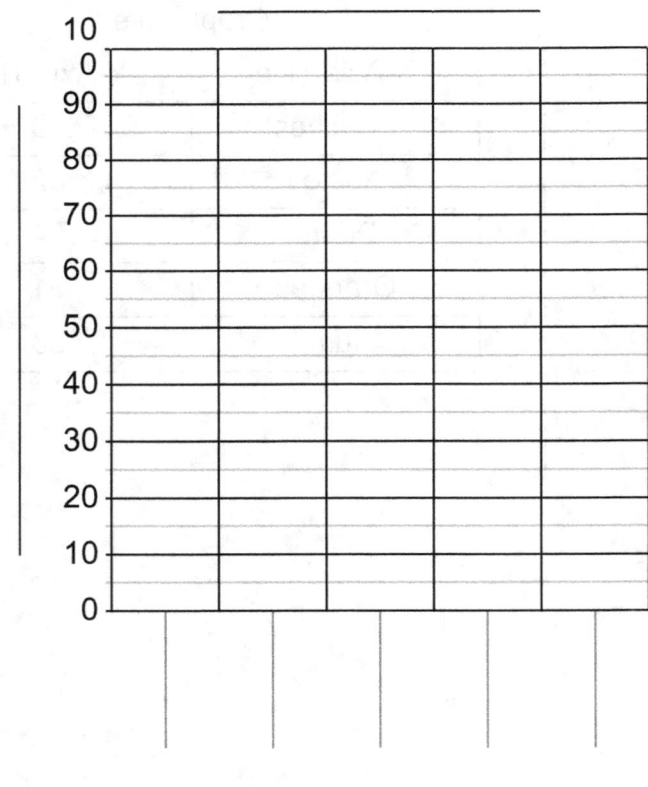

Graph Title

X-Axis Title	Y-Axis Title
Peaches	13
Apples	27
Pears	29
Oranges	32
Plums	25

1227)

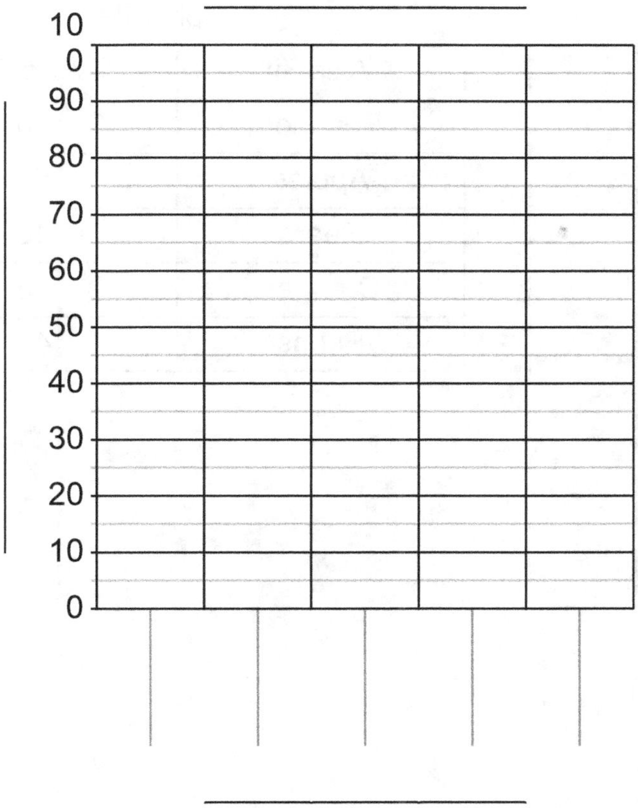

Graph Title	
X-Axis Title	Y-Axis Title
Peaches	85
Apples	49
Pears	54
Oranges	11
Plums	61

1228)

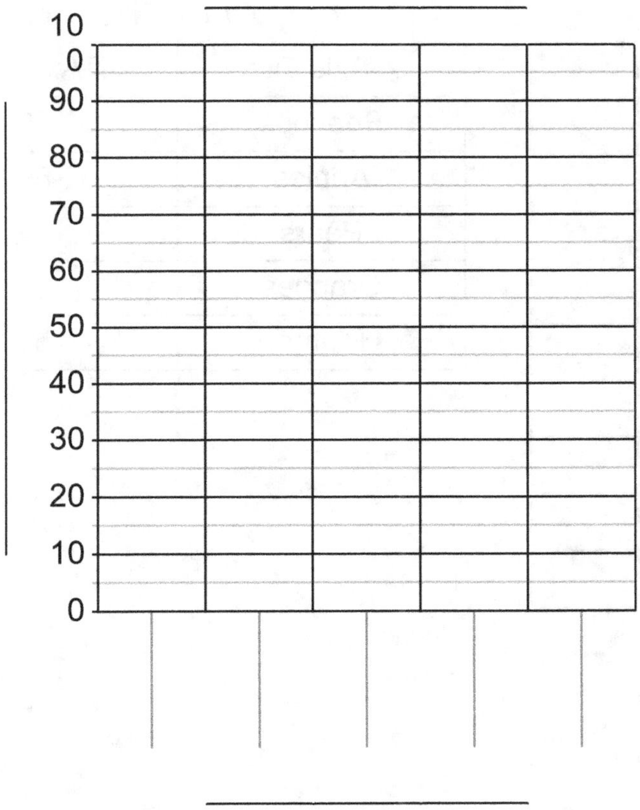

Graph Title	
X-Axis Title	Y-Axis Title
Peaches	70
Apples	63
Pears	62
Oranges	40
Plums	22

1229)

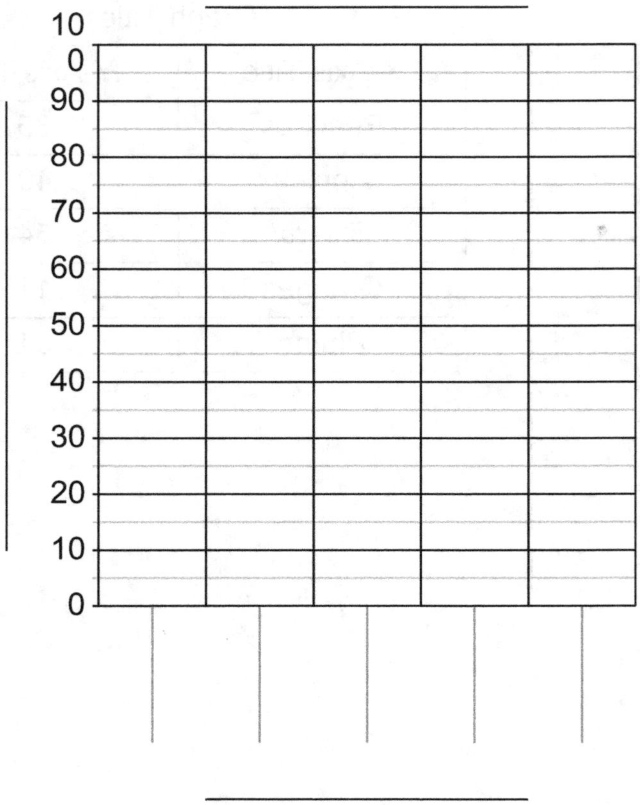

Graph Title	
X-Axis Title	Y-Axis Title
Peaches	70
Apples	53
Pears	46
Oranges	43
Plums	49

1230)

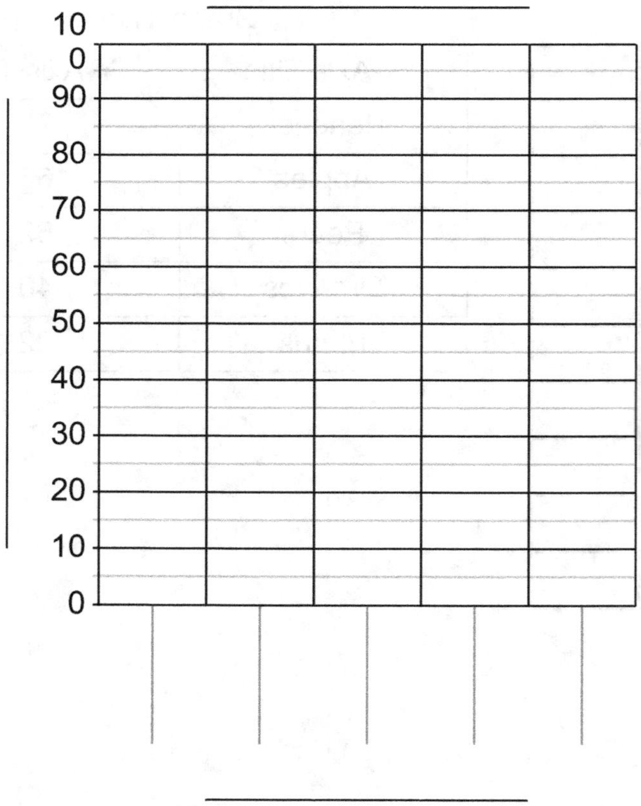

Graph Title	
X-Axis Title	Y-Axis Title
Peaches	70
Apples	69
Pears	54
Oranges	43
Plums	51

Convert the given temperatures.

1231) 113 °F = _____ °C 1232) 1 °C = _____ °F 1233) 97 °F = _____ °C

1234) 1 °C = _____ °F 1235) 105 °F = _____ °C 1236) 19 °F = _____ °C

1237) 39 °C = _____ °F 1238) 7 °C = _____ °F 1239) 48 °C = _____ °F

1240) 112 °F = _____ °C 1241) 6 °C = _____ °F 1242) 47 °F = _____ °C

1243) 1 °C = _____ °F 1244) 1 °C = _____ °F 1245) 1 °C = _____ °F

1246) 79 °F = _____ °C 1247) 77 °F = _____ °C 1248) 18 °C = _____ °F

1249) 44 °F = _____ °C 1250) 1 °F = _____ °C 1251) 31 °F = _____ °C

© 2020 Moleem Education

Indices and Decimal number multiplication

1252) 4.4×10^3 = _____ 1253) 5.9×10^1 = _____

1254) 4×10^4 = _____ 1255) 1.1×10^2 = _____

1256) 2.3×10^1 = _____ 1257) 6.8×10^5 = _____

1258) 9×10^5 = _____ 1259) 6.6×10^3 = _____

1260) 1.4×10^1 = _____ 1261) 6.9×10^3 = _____

© 2020 Moleem Education

1262) $2.2 \times 10^5 =$ _____ 1263) $8 \times 10^1 =$ _____

1264) $2.7 \times 10^3 =$ _____ 1265) $5.3 \times 10^2 =$ _____

1266) $5.462 \times 10^6 =$ _____ 1267) $8 \times 10^4 =$ _____

1268) $2.4 \times 10^1 =$ _____ 1269) $3.59 \times 10^6 =$ _____

1270) $9.1 \times 10^4 =$ _____ 1271) $9.51 \times 10^5 =$ _____

© 2020 Moleem Education

Calculate the root of each value.

1272) $\sqrt{1}$ = _____   1273) $\sqrt{9}$ = _____   1274) $\sqrt[3]{729}$ = _____

1275) $\sqrt{36}$ = _____   1276) $\sqrt{16}$ = _____   1277) $\sqrt[3]{216}$ = _____

1278) $\sqrt{256}$ = _____   1279) $\sqrt{81}$ = _____   1280) $\sqrt{225}$ = _____

1281) $\sqrt[3]{1}$ = _____   1282) $\sqrt[3]{125}$ = _____   1283) $\sqrt[3]{8}$ = _____

1284) $\sqrt{1,024}$ = _____   1285) $\sqrt[3]{512}$ = _____   1286) $\sqrt[3]{27}$ = _____

1287) $\sqrt{25}$ = _____   1288) $\sqrt{484}$ = _____   1289) $\sqrt[3]{64}$ = _____

1290) $\sqrt{100}$ = _____   1291) $\sqrt{4}$ = _____   1292) $\sqrt{49}$ = _____

Identify the temperature for each thermometer.

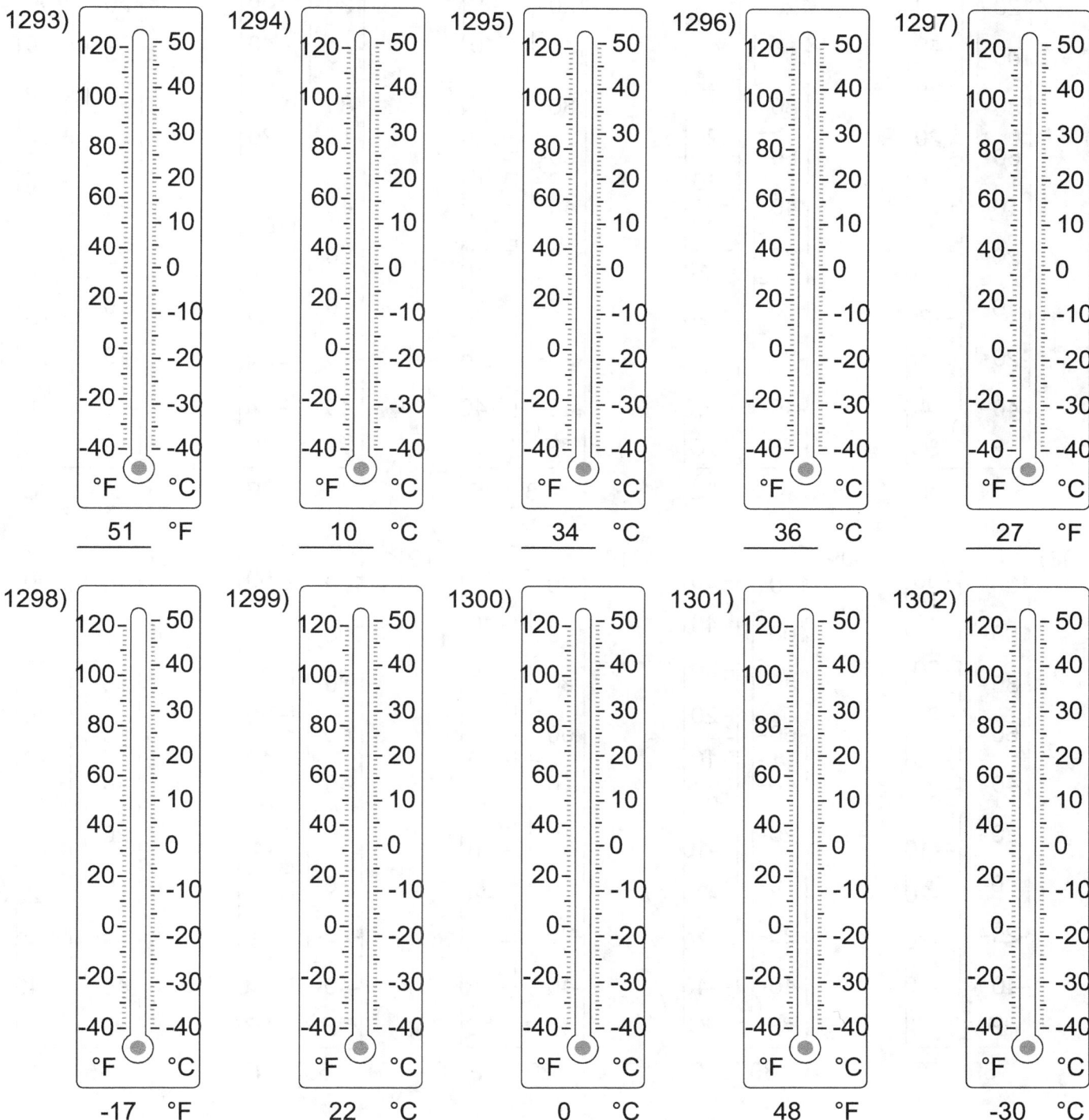

1293) 51 °F
1294) 10 °C
1295) 34 °C
1296) 36 °C
1297) 27 °F
1298) -17 °F
1299) 22 °C
1300) 0 °C
1301) 48 °F
1302) -30 °C

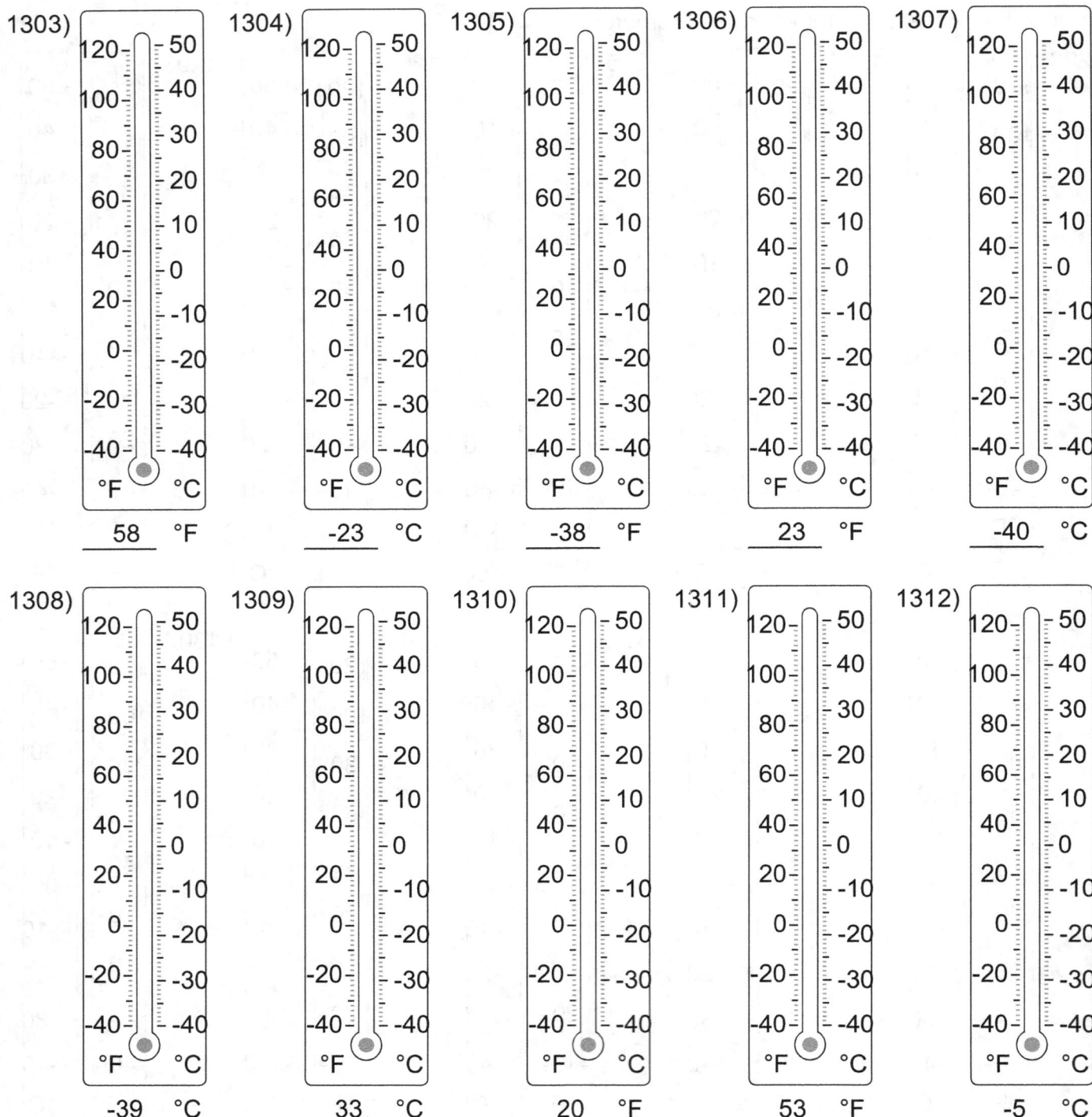

Convert the given measures to new units.

1313) 50 km = _____ m   1314) 40 m = _____ cm

1315) 30 mL = _____ L   1316) 80 cL = _____ mL

1317) 40 km = _____ m   1318) 30 cL = _____ mL

1319) 10 kg = _____ t   1320) 30 mg = _____ t

1321) 80 L = _____ mL   1322) 80 t = _____ kg

1323) 80 mm = _____ cm   1324) 60 g = _____ t

© 2020 Moleem Education

1325) 10 cL = _____ L   1326) 20 km = _____ m

1327) 40 L = _____ mL   1328) 80 g = _____ mg

1329) 60 km = _____ m   1330) 60 cm = _____ mm

1331) 60 L = _____ cL   1332) 70 mL = _____ cL

1333) 90 t = _____ kg   1334) 80 cL = _____ L

1335) 90 m = _____ km   1336) 20 t = _____ kg

Solve.

1337) _____ A number decreased by 68 is 504. Find the number.

1338) _____ A number decreased by 145 is 43. Find the number.

1339) _____ The sum of a number and 128 is 910. Find the number.

1340) _____ Three hundred seventy-seven less than a number is 111. Find the number.

1341) _____ Three-fourths of a number is 390. Find the number.

1342) _____ Seven hundred ninety-seven less than a number is 819. Find the number.

1343) _____ The sum of a number and 279 is 934. Find the number.

1344) _____ Three hundred sixty more than a number is 1339. What is the number?

© 2020 Moleem Education

1345) _____ The sum of a number and 988 is 1267. Find the number.

1346) _____ The sum of a number and 691 is 811. Find the number.

1347) _____ A number increased by 897 is 949. Find the number.

1348) _____ A number decreased by 374 is 846. Find the number.

1349) _____ One-fourth of a number is 8. Find the number.

1350) _____ The sum of a number and 348 is 628. Find the number.

1351) _____ Three-fourths of a number is 405. Find the number.

1352) _____ Three-fifths of a number is 408. Find the number.

© 2020 Moleem Education

1353) _____ One hundred thirty-nine less than a number is 793. Find the number.

1354) _____ Two hundred ninety-five less than a number is 419. Find the number.

1355) _____ One-fifth of a number is 125. Find the number.

1356) _____ The sum of a number and 567 is 1363. Find the number.

1357) _____ Three hundred forty-eight less than a number is 660. Find the number.

1358) _____ A number decreased by 641 is 559. Find the number.

1359) _____ Seven hundred seventy-nine more than a number is 914. What is the number?

1360) _____ Seventeen less than a number is 355. Find the number.

© 2020 Moleem Education

www.ingramcontent.com/pod-product-compliance
Lightning Source LLC
Chambersburg PA
CBHW080543220526
45466CB00010B/3012